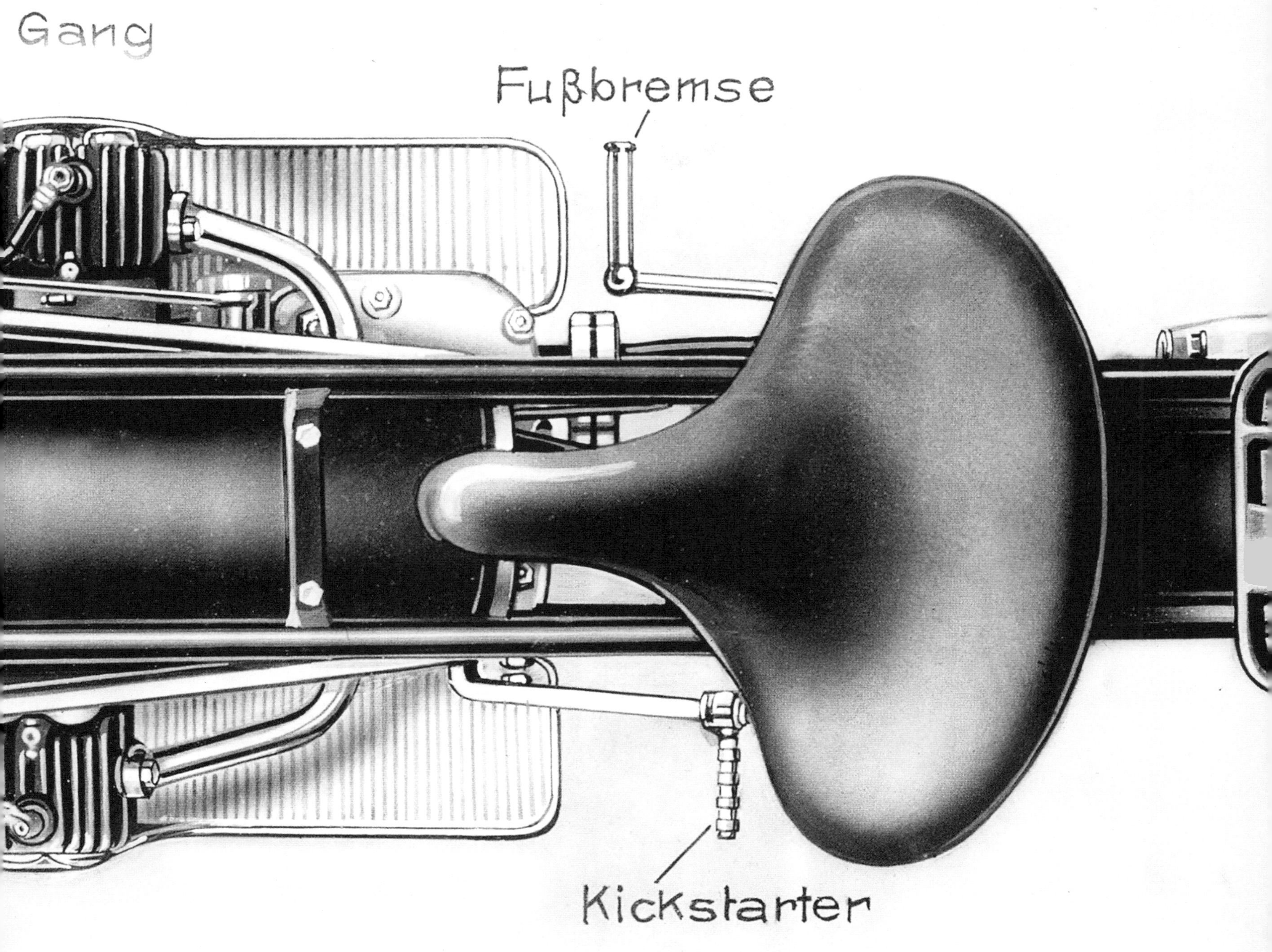
Gang
Fußbremse
Kickstarter

NORIS
10
20
30
40
50
60
70
80
90
100

BMW Motorrad

Michaël Levivier, Zef Enault

BMW Motorrad

Die Marke. Die Modelle. Die Technik.

VORWORT
Frédéric Stik

Aus dem Französischen von
Udo Stünkel

Delius Klasing Verlag

VORWORT

2016, im Jahr des 100. Bestehens, arbeitete BMW in Los Angeles an der Vision Next 100. *Dieses Konzeptbike soll die zweirädrigen Mobilitätsbedürfnisse der folgenden 30 Jahre umsetzen: ein autonomes, vernetztes, elektrisches und gemeinsam genutztes Motorrad. Tatsächlich werden die Anforderungen an die Mobilität zunehmend nachhaltig sein, sodass CO_2-freie Energie und leisere Antriebe unumgänglich sind.*
Die Zukunft der Mobilität wird komplett vernetzt sein, und diese Konnektivität erfordert neue Einrichtungen, die das Reisen einfacher und angenehmer machen. Das vernetzte Motorrad wird seinen Fahrer auf die schönsten Straßen führen und für ihn Hotels und Restaurants reservieren.
Das Motorrad der Zukunft wird ein Objekt des Austauschs und der Geselligkeit sein – genau so, wie es seit seiner Entstehung schon immer gewesen ist. Wir werden weiterhin Wind, Wärme und Wetter spüren, wir werden weiterhin die Jahreszeiten riechen können und vielleicht noch mehr spüren können, da hinderliche Schutzvorrichtungen weniger und die Verbindungen mit den Elementen intensiviert werden können.

»BMW – eine futuristische und engagierte Vision«

Dieses wachsende Bedürfnis nach Freiheit wird zu immer autonomeren Motorrädern führen – nicht zum Entfall der Freude am Fahren, sondern im Gegenteil zum Begleiten des Fahrers und seines Passagiers: Nach dem Ende der Fahrt begibt sich das Motorrad allein in die Garage oder an die Ladestation. Die intelligente Verbindung zwischen dem Fahrer, seinem Motorrad und seiner Umgebung macht schwierig vorhersehbare Routinesituationen einfacher, da die Systeme nicht nur in der Lage sind, dem Fahrer Vorhersagen anzeigen zu können, sodass er die erforderlichen Maßnahmen einleiten kann, sondern sie können auch während der Fahrt aktiv eingreifen, um ihn zu schützen.
Wie dieses Buch zeigt, hat man bei BMW stets nach vorn geschaut, und selbst die Vision Next 100 weist mit ihrem schwarzen Dreieck-Rahmen und den weißen Einfassungen sowie Erinnerungen an den ikonischen Boxermotor einen starken genetischen Fingerabdruck auf, der an die R 32 von 1923 erinnert. Dennoch handelt es sich um eine futuristische und engagierte Vision dessen, was die zweirädrige Mobilität der Zukunft sein wird.
Jeder Motorradfahrer möchte unabhängig von seiner Erfahrung und seinen Fähigkeiten ständig seine Grenzen verschieben und seine Eindrücke intensivieren. Bei jeder Ausfahrt kann der Fahrer vom ersten Meter an seine Freiheit in vollen Zügen erleben. Die Freude am Leben kann daher durch unsere »Rides« verfeinert werden.
MAKE LIFE A RIDE.

Frédéric Stik
Generaldirektor BMW Motorrad France

1918
Die in den Jahren 1917 und 1918 erbaute Fabrik in der Moosacher Straße in München-Milbertshofen war der erste BMW-Betrieb, allerdings wurde die Produktionsstätte bereits 1920 an Knorr-Bremse abgetreten.

2016
Am 7. März 2016 feierte BMW auf den Tag genau 100 Jahre nach dem offiziellen Gründungsdatum die Rückkehr auf das Grundstück seiner ersten Fabrik in der Moosacher Straße, um hier das Projekt *The Next 100 Years* zu starten. Heute befinden sich hier die Classic-Abteilung und das Werksarchiv.

EINLEITUNG

Wir nehmen uns nur selten die Zeit zum Erinnern, geschweige denn zum Schaffen von Erinnerungen – trotz dieser *Selfie*-Reflexe, die heute immer mehr unser Leben durchziehen. Nur wenige organisieren ihre Erinnerungen so sorgfältig, dass sie gut zugänglich und leicht abrufbar sind. Diesen Erinnerungs-Sinn hatte BMW von Anfang an. Bereits 1922 wurden in Nürnberg die ersten mit einem BMW-Triebwerk – dem M2 B15 – ausgerüsteten Motorräder vorgestellt. Dieser Motor bildete die Grundlage einer großen Marke – der einzigen in Deutschland, die im Lauf des vergangenen Jahrhunderts mit großen Erfolgen Triebwerke für Flugzeuge, Boote, Motorräder und Autos gebaut hat.

Ein Buch über BMW zu schreiben, ist wie ein Eintauchen, um die unter Wasser liegenden Teile eines Eisbergs zu entdecken, der Sprung in die Geheimnisse der Zeit, in die Intimität dieser berühmten und dennoch oft missverstandenen Marke. Man begibt sich in die Geheimnisse ihrer Geschichte, erkennt ihre Stärken und Schwächen, begreift ihre Erfolge und seltenen Misserfolge und bewundert ihre Beharrlichkeit, mit der sie wagemutige Umstrukturierungen aufrechterhält und weiterentwickelt. Nach zwei verheerenden Kriegen sorgten jeweils Motorräder dafür, dass das Unternehmen überlebte. Die Reise in unbekannte Gebiete auf mit unglaublichen Entdeckungen gepflasterten Straßen wäre für beide Autoren trotz jahrzehntelanger Leidenschaft und Begeisterung nicht die gleiche gewesen ohne den fantastischen Sinn für Erinnerungen, den die Marke BMW seit mehr als 100 Jahren pflegt, und der auf sorgfältig und präzise angelegten und außerordentlich umfangreichen Archiven basiert. Seit jeher hat man bei BMW seine Fabriken, Montagelinien, Prototypen und verschiedene Entwicklungsphasen fotografiert, weil dies natürlich alles mit der Wettbewerbsfähigkeit der Marke zu tun hatte. Auch die Erinnerung an diejenigen, die die Geschichte von BMW geschrieben haben, wurde gewissenhaft und akribisch bewahrt: Unabhängig vom Grad ihrer Beteiligung blieben Manager, Ingenieure, Fahrer oder Entwickler in den Erinnerungen erhalten. Darüber hinaus hat BMW eine Tochtergesellschaft gegründet, die sich mit der Pflege der Vergangenheit beschäftigt: die BMW Group Classic, wo man sich auch um das BMW-Archiv kümmert. Deren Mission ist es, die Geschichte der Marke BMW zu sammeln, zu organisieren und zugänglich zu machen. 2016 zog die Classic-Abteilung in das Gebäude ein, das BMW im Sommer 1918 erbaut hatte. Nachdem BMW 1920 von Camillo Castiglioni übernommen worden war, wurde die Fabrik in der Moosacher Straße an den Eisenbahnbremsen-Hersteller Knorr verkauft und BMW wieder auf das alte Werksgelände in der Lerchenauer Straße verlegt, wo noch heute der Hauptsitz samt Forschungszentrum, Museum sowie dem Erlebnis- und Entdeckerzentrum *BMW Welt* untergebracht sind. Nur einen Steinwurf von diesem BMW-Nervenzentrum entfernt wurde auf über 13.000 Quadratmetern Fläche die Erinnerung an diese spannende Marke wiederbelebt. Nach mehreren Monaten des Forschens und Schreibens, der Entdeckungen und des Staunens, des Verstehens und der Faszination können wir Ihnen dieses Buch präsentieren, das trotz seiner 240 Seiten nur ein bescheidenes und leider nicht erschöpfendes Zeugnis der immensen Geschichte einer Marke ist, die sich stets in Bewegung befindet.

> »Der Erinnerungs-Sinn«

INHALT

INHALT

Kapitel 1

GESCHICHTE

Die Entstehung

1876 › 1922

Keine Motorradmarke ist so ursprünglich mit der Geburt des Verbrennungsmotors verbunden wie BMW. Bereits 1876 hatte Nicolaus August Otto die Grundlagen des Viertakt-Verbrennungsmotors geschaffen. Das Konzept wurde von Wilhelm Maybach und Gottlieb Daimler weiterentwickelt, die 1885 das erste Fahrzeug mit diesem Motor entwickelten. Das Triebwerk mit 264 cm^3 Hubraum steckte in einem Holzrahmen, und das Gefährt wurde Reitwagen genannt, eine Art Motorrad mit Stützrädern. Langfristig wollten die beiden Erfinder sich jedoch lieber der Schaffung eines Automobils widmen. Das eigentliche »Motorrad« wurde neun Jahre später von Alois Wolfmüller und Heinrich Hildebrand in München erfunden, die sich am 20. Januar 1894 ein »Fahrrad mit Benzinmotor« (kurz: »Motorrad«) patentieren ließen. Hildebrand & Wolfmüller war damit zwar der erste Motorradhersteller der Welt, doch technische Unzulänglichkeiten sorgten rasch für sinkende Nachfrage, und die Produktion wurde bereits nach einem Jahr wieder eingestellt. Erst der französische Hersteller De Dion-Bouton konnte funktionsfähige Motorräder in größeren Stückzahlen absetzen. Nach der Jahrhundertwende schossen in England Hersteller wie Douglas und Triumph aus dem Boden, in den USA boomten Indian und Harley-Davidson. Ab 1914 zeigten Motorräder ihre Zuverlässigkeit im Kriegseinsatz.

Otto
Gustav Otto, Sohn des Verbrennungsmotor-Erfinders Nicolaus, war ein passionierter Flieger. Seine Firma BFW bildete den Ursprung von BMW.

Die Gründung

Bereits 1910 begeisterte sich Gustav Otto, der Sohn des Verbrennungsmotor-Erfinders Nicolaus Otto, für die Fliegerei. Nachdem sein erstes Unternehmen in finanzielle Schwierigkeiten geraten war, gründete Otto mithilfe eines Industriekonsortiums am 7. März 1916 ein neues Unternehmen in der Schleißheimer Straße 135 in München und nannte es Bayerische Flugzeugwerke (BFW AG). Nicht weit davon entfernt, in der Nummer 288, hatte Karl Rapp, ein anderer Flug-Enthusiast, eine Flugzeugfirma gegründet und einen Flugmotor mit obenliegender Nockenwelle entwickelt. Er tat sich mit einem Finanzier zusammen, um am 28. Oktober 1913 die Rapp Motorenwerke GmbH zu gründen. Nach Ausbruch des Ersten Weltkriegs kamen bald Aufträge der Militärs aus Deutschland und Österreich. Um den fragilen Ruf der Rapp-Motoren zu verbessern, wurde der Wiener Ingenieur Franz Josef Popp nach München geschickt, wo er die Produktion überwachen sollte. Er wurde bald Technischer Direktor und schließlich Generaldirektor. Am 2. Januar 1917 stellte er einen vielversprechenden neuen Ingenieur ein: Max Friz. Dieser hatte bereits vor dem Krieg den Vierventil-Motor des Mercedes-Rennwagens konstruiert, mit dem 1914 der Große Preis von Frankreich gewonnen werden konnte. Nach Differenzen mit seinem Chef Paul Daimler (dem Sohn von Gottlieb) hatte er jedoch gekündigt. Seine erste Aufgabe in München war, den Rapp-Sechszylindermotor zuverlässig zu machen. Um den Ruf nicht durch den Namen der alten Firma zu gefährden, entschied Popp, das Unternehmen am 23. Juli 1917 in Bayerische Motorenwerke – BMW – umzubenennen. Außerdem wurde ein neues Logo entwickelt und am 5. Oktober 1917 beim Kaiserlichen Patentamt angemeldet: Ein blau-weißer viergeteilter Kreis in einem schwarzen Ring mit den goldenen Buchstaben BMW darauf. Die beeindruckende Leistungsfähigkeit des

Stammbaum
Dieses Foto wurde 1983 zur Vorstellung der K 100 RS (ganz oben) vor dem BMW-Museum aufgenommen. Ganz vorn steht der Daimler Reitwagen von 1885, dahinter eine Hildebrand & Wolfmüller von 1894 und eine BMW R 32 von 1923.

288
Im Norden von München gründeten Karl Rapp und Julius Auspitzer nahe des Flugplatzes Oberwiesenfeld in der Schleißheimer Straße 288 die Rapp Motorenwerke GmbH, die 1917 zu den Bayerischen Motorenwerken wurden.

Rapp
Nach Beginn des Ersten Weltkriegs erhielten die Motorenwerke des Karl Rapp (hier ein Bild von 1911) Großbestellungen für Militärflugzeuge. Zur Verbesserung der Zuverlässigkeit schickte die Armee einen Ingenieur namens Popp.

ekord Trotz der Niederlage entwickelte Franz Josef Popp den BMW-Motor IV weiter. Am . Juni 1919 stellte Franz Diemer (Mitte – rechts steht Max Friz) hiermit einen nicht nerkannten Höhenrekord auf, indem er bis auf 9.620 Meter aufstieg. Ende des Monats wurden durch den Versailler Vertrag jegliche luftfahrttechnischen Tätigkeiten untersagt.

opp
ranz Josef Popp wurde 886 in Wien geboren nd starb 1954 in tuttgart. Weil er jeweils uf Motorräder setzte, ätte BMW ohne ihn wahrscheinlich weder en Ersten noch den weiten Weltkrieg iberlebt.

Luftfahrt
Als er von Popp eingestellt wurde, arbeitete Max Friz zunächst am problematischen Rapp-Sechszylindermotor. Dieses erste Flugzeugtriebwerk von BMW entwickelte aus 19,1 Liter Hubraum 226 PS bei 1.400/min und zeigte vor allem in Höhen über 6.000 Meter seine Überlegenheit.

Castiglioni
Seit 1918 war war er Finanzier und Aktionär bei BMW unterstützte das Projekt R 32.

Friz
1923 stellte der Ingenieur aus Urach mit der R 32 die Grundlage aller BMW-Motorräder vor.

1917
Das BMW-Logo führte das Rapp-Logo in seiner Form fort. Der blau-weiße Propeller sollte an die Ursprünge in der Luftfahrt erinnern.

von Friz entwickelten BMW-Sechszylindermotors IIIa für deutsche Kampfflugzeuge hatte das Unternehmen dynamisiert. Im Oktober 1918 beschäftigte die neue Firma in ihrer neuen Fabrik in der Moosacher Straße im Norden Münchens bis zu 3.400 Arbeiter. Am 11. November des gleichen Jahres musste das besiegte Deutschland den Waffenstillstand unterzeichnen, und der Bau von Flugzeugmotoren wurde eingestellt. Dann kam am 28. Juni 1919 der Versailler Vertrag, in dem Deutschland jegliche luftfahrttechnische Tätigkeit untersagt wurde. Das Schicksal von BMW schien besiegelt, doch der unternehmenslustige Franz Josef Popp wollte nicht aufgeben.

Zusammenschluss

Während die Konstruktionspläne an die Sieger ausgehändigt und die Bauteile zerstört werden mussten, stellte Popp im Herbst 1919 Überlegungen darüber an, auf welche Aktivitäten BMW mit seinem Chefingenieur Max Friz und dem Konstrukteur Martin Stolle umschwenken sollte. Letzterer war begeisterter Motorradfahrer und hatte 1914 beim Rennen von Wien nach München im Sattel einer britischen Douglas den dritten Platz belegt. Es gelang ihm, Popp und Friz für den Bau von Motorrädern zu interessieren. Popp gab zunächst den Startschuss für die Konstruktion eines Motors, den er an andere Motorradhersteller verkaufen wollte. Um den Fortbestand des Unternehmens zu sichern, war er inzwischen an die Knorr-Bremse AG herangetreten, um einen Vertrag über die Lizenzfertigung von 10.000 Bremssystemen für die Königlich Bayerischen Staatseisenbahnen zu unterzeichnen. Der Wiener Finanzier Camillo Castiglioni, der bereits im November 1918 alle Aktien der BMW AG erworben hatte, nahm das Projekt an, und Knorr-Bremse trat in das Unternehmen ein. Die Produktion von Bremssystemen überholte bald den Motorenbau. Dies hinderte Popp jedoch nicht daran, im Winter 1920 mit der Fertigung einiger Hundert M2 B15-Triebwerke für die Victoria-Werke in Nürnberg zu beginnen. Dieser Zweizylinder-Boxermotor war direkt vom Douglas-Aggregat abgeleitet, sodass Stolle ihn sogar in seiner eigenen Douglas testen konnte. Die Victoria KR 1 kam sehr gut an, sodass Popp, Friz und Stolle sich darin bestärkt sahen, in Zukunft selbst Kraftfahrzeuge mit zwei und vier Rädern zu entwickeln. Dieser Wunsch wurde von Castiglioni gegen den Rat des Vorstands unterstützt. Im Herbst 1921 schlug Popp ein Projekt vor, um BMW aus der Aufsicht von Knorr zu befreien, die mit der Übernahme der Marke und der Verlagerung der Produktion verbunden war. Castiglioni kaufte gleichzeitig die Mehrheit der Anteile der BFW und deren von Gustav Otto gebautes Gebäude in der Neulerchenfeldstraße 76. Diese Firma hatte trotz finanzieller Schwierigkeiten mit der Motorradproduktion begonnen, darunter waren das Modell Flink mit einem 143-cm^3-Zweitaktmotor und die Helois, die wie die Victoria KR 1 mit dem M2 B15-Motor von BMW angetrieben wurde. Martin Stolle hatte BMW wegen einer nicht erstatteten Spesenquittung im Januar 1922 verlassen und ging zu Victoria, wo er die leistungsstarke KR 2 mit OHV-Motor konstruierte. Am 5. Juni 1922 führte das Projekt von Castiglioni und Popp zur Gründung des neuen Unternehmens namens Bayerische Motoren Werke AG mit Sitz in der Neulerchenfeldstraße 76 (später unbenannt in Lerchenauer Straße). Um die Legitimität von BMW als Motorradhersteller zu begründen, wurde als Datum der Gesellschaftsgründung der 7. März 1916 beschlossen – der Tag, an dem Gustav Otto die BFW AG gegründet hatte.

1916 - 1922

»BMW wurde nicht im Namen eines einzelnen Menschen gegründet, sondern durch die Entschlossenheit vieler und den Zusammenschluss zweier Luftfahrtunternehmen.«

Leidenschaft Martin Stolle, hier 1921 im Sattel einer Victoria KR 1, brachte Popp und Friz nach Kriegsende dazu, an Motorräder zu glauben. Er verließ BMW bereits 1922 und ging zu Victoria.

BFW In der BFW Helios kam der gleiche BMW-Motor wie bei der Victoria KR 1 zum Einsatz.

1920
Der erste zivile BMW-Motor war der M2 B15, der deutliche Anleihen vom Douglas 500 B von 1914 hatte. Stolle hatte auf einer Douglas Rennen gewonnen und war von der Qualität dieses Motors überzeugt. Friz, der bereits Renn- und Flugzeugmotoren mit DOHC-Vierventil-Zylinderköpfen entwickelt hatte, fand diesen Seitenventiler etwas primitv. Stolle testete den Motor in seiner privaten Douglas und verkaufte die Triebwerke schließlich an Victoria und BFW.

Fabrik Wegen der großen Nachfrage nach dem BMW IIIa-Flugzeugmotor baute man ab 1917 eine neue Fabrik in der Moosacher Straße. Am 13. August 1918 gründeten ein Bankenkonsortium und Investoren, darunter Camillo Castiglioni, die BMW AG, doch 1920 übernahm die Knorr-Bremse AG die Mehrheit des Unternehmens. Castiglioni verließ 1922 die Bremsenfabrik und gründete auf dem BFW-Werksgelände in der Neulerchenfeldstraße die Marke BMW neu.

Kapitel 2

GESCHICHTE

Aufrüstung

1923 › 1942

Nach dem Zusammenschluss der zwei Luftfahrtunternehmen und dem Ende des Ersten Weltkriegs konnte BMW sein Überleben nur durch den Bau von Motorrädern sichern. Im September 1923 präsentierte man auf der Deutschen Automobilausstellung in Berlin das erste BMW-Motorrad: die R 32. Ein Motorrad, das den Grundstein dafür legte, wie BMW-Motorräder für Jahrzehnte gebaut sein würden – und bis heute sind. Mit der Entscheidung für einen längs liegenden Boxermotor (494 cm^3 Hubraum) und einen Kardanantrieb zum Hinterrad hatte sich Max Friz gegen den damals konventionellen Motorradbau gerichtet. Der Wunsch, sich mit innovativen Ideen von der Masse abzuheben, ist noch heute ein Teil der Unternehmens-DNA. Die R 32 markierte den ernsthaften Einstieg von BMW in die Welt der Motorradhersteller. Verbesserungen ließen nicht lange auf sich warten – vor allem dank der Ankunft von Rudolf Schleicher. Der damals 26-jährige Jungingenieur hatte sein Studium an der Universität München abgeschlossen und übernahm rasch die Nachfolge von Max Friz, der sich weiterhin mehr für die Entwicklung der Flugmotoren interessierte. Mit dem Prototyp eines OHV-Motors in einer R 32 konnte Schleicher die ADAC-Winterfahrt Anfang April 1924 in Garmisch-Partenkirchen gewinnen. Im folgenden Mai rächte er sich beim Solitude-Rennen in Begleitung der Fahrer Rudi Reich und Franz Bieber mit seiner neuen BMW in drei Kategorien am Victoria-Team, das im Vorjahr die R 32 geschlagen hatte. Die daraus entstandene R 37 wurde auf der Berliner Automobilausstellung in Dezember zusammen mit einer weiteren beeindruckenden Neuheit vorgestellt: der R 39. Mit diesem Motorrad wollte BMW neben den recht teuren Boxer-Modellen auch eine preiswerte Maschine mit 250er-Einzylindermotor anbieten. Dennoch präsentierte sich die R 39 nicht als Billig-Motorrad, denn sie hatte alle Attribute, die man bereits von einer BMW erwartet, wie z. B. den Doppelschleifenrahmen und den Kardanantrieb. Auf dem stehenden Zylinder saß der Leichtmetall-Zylinderkopf mit hängenden Ventilen aus der R 37. Trotz der bescheidenen Leistung von 6,5 PS gewann Josef Stelzer 1925 die Deutsche Meisterschaft in der Viertelliterklasse. Aufgrund einer Produktionsverzögerung wurden die ersten R 39 erst im September 1925 ausgeliefert.

Motorrad
In dieser Anzeige von 1925 kann man unten lesen, dass die Bayerischen Motoren Werke nicht nur ein Motorradhersteller sind, sondern auch Motoren für die Luft- und Schifffahrt bauen.

Motorräder, Flugzeuge und Automobile

Parallel zum wachsenden Motorradgeschäft freuten sich Franz Josef Popp und Max Friz über Fortschritte in der Luftfahrtbranche, da das Flugzeugverbot am 5. Mai 1922 aufgehoben wurde. Ein Projekt stand jedoch noch aus: der Automobilbau. Im Sommer 1926 unterzeichnete Popp mit den bald fusionierenden Firmen Daimler und Benz einen Vertrag über die Entwicklung eines Kleinwagens. Eine Meinungsverschiedenheit zwischen Friz und Schleicher über die Erforschung von Kompressormotoren, die Letzterer zusammen mit dem Techniker Josef Hopf zu entwickeln begonnen hatte, führte zu Schleichers Abschied bei BMW am 1. April 1927. Später sollte BMW mit dieser Technik, beginnend mit den Geschwindigkeitsrekorden, dem Motorradrennsport seinen Stempel aufdrücken. Mithilfe von Hopf stellte Werksfahrer Ernst Henne am 19. September 1929 auf einer 750er BMW mit Cozette-Kompressor mit 216,75 km/h einen ersten Weltrekord auf,

1923 Die Montage der ersten R 32-Modelle erfolgte einzeln und von Hand in der Fabrik in der Neulerchenfeldstraße. Bald wurde eine Montagelinie eingerichtet.

1933 Auf dem Mailänder Salon zeigte BMW mit der R 4 (links), der R 11 und der R 16 ein Komplettprogramm. Rechts steht die Rekordmaschine von Ernst Jakob Henne und davor ein verkleinertes Modell mit Seitenwagen.

Geschwindigkeit Ernst Jakob Henne stellte bereits 1929 mit einer 750er-Kompressor-BMW einen neuen Weltrekord auf und demonstrierte das Know-how der Firma. Er fuhr mit 216,75 km/h über die fliegende Meile. Dieses Foto von 1937 zeigt ihn samt Aero-Helm in der vollverkleideten 500er-Kompressormaschine, die zum Einstieg geöffnet werden musste. Hiermit erreichte er 279,5 km/h.

Erster Sieg
ADAC-Winterrennen 1924: In der Mitte sitzt der siegreiche Ingenieur und Rennfahrer Rudolf Schleicher auf seiner R 32 mit OHC-Zylinderköpfen. Rechts von ihm ist Rudolf Reich auf der gleichen Maschine zu sehen.

Die Gusseisernen
Ende der 1930er-Jahre bildeten die Fahrer Josef Forstner, Georg »Schorsch« Meier und Fritz Linhardt in der Wehrmacht ein Rennteam, das mit R 4-Modellen zahlreiche Erfolge vorweisen konnte.

Forschung und Entwicklung
Alexander von Falkenhausen war viele Jahre an der Motorradentwicklung beteiligt, und 1942 übernahm er die Abteilung. Ab 1954 leitete er die Rennsportabteilung bei BMW. Er nahm selbst erfolgreich an vielen Auto- und Motorradrennen teil.

Werbung 1938
Die Überlegenheit von BMW bei Grand-Prix-Rennen in Deutschland, Belgien, den Niederlanden, in Irland, Italien und Ungarn, der Gewinn der Europameisterschaft und die Weltrekorde von Ernst Henne wurden von entsprechender Werbung begleitet.

der BMW einen großen Bekanntheitsgrad verschaffte: Nur sechs Jahre nach der Einführung der R 32 war BMW einer der weltweit führenden Motorradhersteller geworden. Innerhalb kurzer Zeit verdreifachte sich der Umsatz auf 27,2 Millionen Mark. Im Bereich der Luftfahrt profitierte BMW sowohl von der Gründung der Lufthansa als auch von Militäraufträgen. Seit dem 14. November 1928 besaß BMW auch eine Autofabrik in Eisenach, die den kleinen Dixi 3/15 produzierte – ein in Lizenz gebauter Austin Seven. Dieser Wagen entsprach laut Popp dem idealen Volkswagen und wurde bis Juli 1929 unter dem Namen BMW Dixi produziert. Damit war BMW auch Automobilhersteller geworden.

Unterstützt von Henne, der weiterhin Weltrekorde aufstellen wollte, kehrte Rudolf Schleicher 1931 zu BMW zurück. Die »Deutsche Schule« hatte sich an die Spitze der technischen Entwicklung gesetzt, doch die Weltwirtschaftskrise nach dem 24. Oktober 1929 wurde auch für BMW zu einem herben Rückschlag. In Deutschland gab es 1932 über 7,5 Millionen Arbeitslose, und das angespannte soziale Klima wurde von den Nationalsozialisten ausgenutzt, sodass Adolf Hitler 1933 schließlich Reichskanzler wurde. Die wirtschaftliche Erholung wurde durch die Abschaffung der Kfz-Steuer und die Ankurbelung der Wirtschaft mit Militäraufträgen erreicht. 1934 wurden die luftfahrttechnischen Aktivitäten in einer Tochtergesellschaft namens BMW Flugmotorenbau GmbH zusammengefasst. Der Motorradabsatz wuchs weiter und wurde durch zahlreiche sportliche Erfolge mit den R 4-Einzylindermodellen und den R 16-Boxermodellen unterstützt.

Mit 10.000 gebauten Fahrzeugen tauchte BMW 1935 jedoch in der Rangliste der deutschen Hersteller erst auf dem fünften Platz hinter DKW, NSU, Express und Zündapp auf, bei Motorrädern mit über 300 cm³ Hubraum lagen die Münchener jedoch weit vorn. Anfang 1936 festigte BMW seine Vormachtstellung mit der R 5, die Renntechnik aus dem Vorjahr in Serie bot. Ernst Henne fuhr im Oktober mit einer vollverkleideten R 5 und einem neuen Rennmotor 272 km/h – neuer Weltrekord. Schleicher wollte sich nicht auf diesen Erfolgen ausruhen und setzte sehr strenge Qualitätsstandards: Jeder 200. Motor wurde komplett zerlegt und vermessen. 1937 gewann der Ingenieur Alexander von Falkenhausen mit einer R 5 samt einer von ihm konstruierten Hinterradfederung eine Goldmedaille bei der internationalen Sechstagefahrt. Ein Höhepunkt wurde im Juni 1939 erreicht, als Georg »Schorsch« Meier auf der 500er Kompressor-BMW die Senior-TT auf der Isle of Man gewann – als erster Nicht-Brite auf einem nicht britischen Motorrad. Diese Vorherrschaft im Rennsport lief parallel zur wirtschaftlichen Entwicklung des Unternehmens. Neben zivilen Motorrädern arbeitete Falkenhausen vor allem an einem schweren Militär-Kraftrad für die Wehrmacht. Am 1. September 1939 erklärte Hitler Polen den Krieg, und bald wurde entschieden, dass BMW sich auf den Bau von Flugmotoren und Militär-Krafträdern konzentrieren solle. Im Februar 1941 war die R 75 fertig, und im Juli wurde in München die Serienproduktion aufgenommen. Weil die Produktion von Flugzeugmotoren stark erweitert werden sollte, musste der Motorradbau ab Oktober 1942 in das Automobilwerk Eisenach verlagert werden. Franz Josef Popp weigerte sich, die Produktion von Zivilfahrzeugen vollständig einzustellen, daher wurde er im Sommer 1942 durch seinen Stellvertreter Fritz Hille ersetzt. Auch Rudolf Schleicher wurde entlassen.

1942

»BMW entwickelte sich enorm, aber der Krieg sollte alles wieder auf den Kopf stellen.«

Erstes Auto BMW startete seine Automobil-Aktivitäten 1928 mit dem Lizenzbau des Austin Seven in Eisenach – Dixi genannt.

Technische Abnahme Die BMW 500 Kompressor von Georg »Schorsch« Meier wurde vor dem Start der Tourist Trophy 1939 von der Rennleitung inspiziert. In der Trainingswoche war sein Mannschaftskamerad Karl Gall bei hohem Tempo gestürzt und verstorben. Meier gewann trotzdem die Senior-TT, und sein Teamgefährte Jock West wurde Zweiter.

Berlin 1935 Adolf Hitler in Begleitung von BMW-Direktor Franz Josef Popp, Adolf Hühnlein (Reichsleiter des Nationalsozialistischen Kraftfahrtkorps NSKK) und dem Technischen Direktor Rudolf Schleicher auf der Automobilausstellung 1935 in Berlin. Rechts im Hintergrund ist Geschwindigkeitsweltmeister Ernst Henne zu sehen.

Militär Oben: Die R 75 wurde zunächst in München gebaut, ab 1942 in Eisenach. Unten: Wehrmachtssoldaten mit R 75-Gespannen. Gebaut wurden insgesamt 16 500 Fahrzeuge.

Zwangsarbeit Bereits 1940 beschäftige BMW (wie der Großteil der deutschen Industrie) Tausende Kriegsgefangene und Deportierte, um das Militär mit Material zu versorgen. Ab 1999 beteiligte sich BMW an einem vom deutschen Staat und vielen anderen Unternehmen geschaffenen Fonds zur Entschädigung von Opfern der Zwangsarbeit unter dem Nationalsozialismus. Dieser Fonds war mit rund 10 Milliarden DM (5 Milliarden €) ausgestattet.

R 32

| 1923 |

Die Erste

München im Winter 1922: Max Friz, Ingenieur und Chef bei BMW, hatte vom Generaldirektor Franz Josef Popp den Auftrag erhalten, das erste BMW-Motorrad zu entwickeln. Bislang gab es das Firmenlogo auf keinem Motorrad zu sehen, nur auf dem Motor namens M2 B15. Dieses Triebwerk war auf Veranlassung von Martin Stolle und mithilfe von Max Friz entstanden und stark von der Douglas inspiriert, die Stolle so liebte. Es war ein Zweizylinder-Boxermotor mit seitlich stehenden Ventilen. Für Friz, der bereits Motoren für Rennwagen und Flugzeuge mit vier Ventilen je Brennraum und obenliegenden Nockenwellen entworfen hatte, war der Motor einfach zu simpel. Trotzdem folgte er den Anweisungen von Popp, der diesen Motor an Motorradhersteller verkaufen wollte, die nicht die Zeit oder die Möglichkeiten hatten, ein eigenes Triebwerk zu entwickeln. Der M2 B15 wurde erstmals in der Victoria KR 1 aus Nürnberg eingesetzt. Deren Erfolg begeisterte das Münchener Unternehmen BFW, das bislang nur das Leichtmotorrad Flink im Programm hatte, den 500er-Boxer in der neuen Helios einzubauen. Nach Meinungsverschiedenheiten über eine Spesenrechnung, aber sicher auch aufgrund verschiedener Entwicklungen an diesem Motor, verließ Martin Stolle im Januar 1922 BMW, um für Victoria einen OHV-gesteuerten Boxermotor zu entwickeln, der anfangs bei Wilhelm Sedlbauer in München produziert wurde. Bei BFW hatten die Modelle Flink und Helios nicht die erwarteten Erfolge, und der bereits bei BMW aktive Finanzier Camillo Castiglioni nutzte die Gelegenheit, BFW zu erwerben. Am 5. Juni 1922 wurde die BMW AG aus dem Zusammenschluss der BMW GmbH und der BFW AG gegründet. Trotz der vielen Verbesserungen, die Max Friz auf Wunsch von Popp am Helios-Motor vorgenommen hatte, konnte dieser nicht mehr mit dem von Stolle entwickelten OHV-Boxer in der neuen Victoria KR 2 mithalten, sodass Popp grünes Licht für Max Friz geben musste.

Die R 32 entstand

Im Dezember 1922, vier Wochen, nachdem er sich mit seinem Zeichenbrett in die unweit des BMW-Werks gelegene Riesenfeldstraße Nr. 34 in München zurückgezogen hatte, konnte der damals 39-jährige Chefingeneur Max Friz das erste BMW-Motorrad vorstellen: die R 32.

Bereits im Mai 1923 konnte Friz mit einem der ersten Prototypen problemlos an einer vom ACM in den bayerischen Bergen veranstalteten Rallye teilnehmen und seine scharfsinnige Entwicklung bestätigen. Die

Teuer
Mit Beleuchtung und Tachometer kletterte der Preis einer R 32 auf bis zu 2.600 Rentenmark. Extras gab es bei BMW schon immer reichlich …

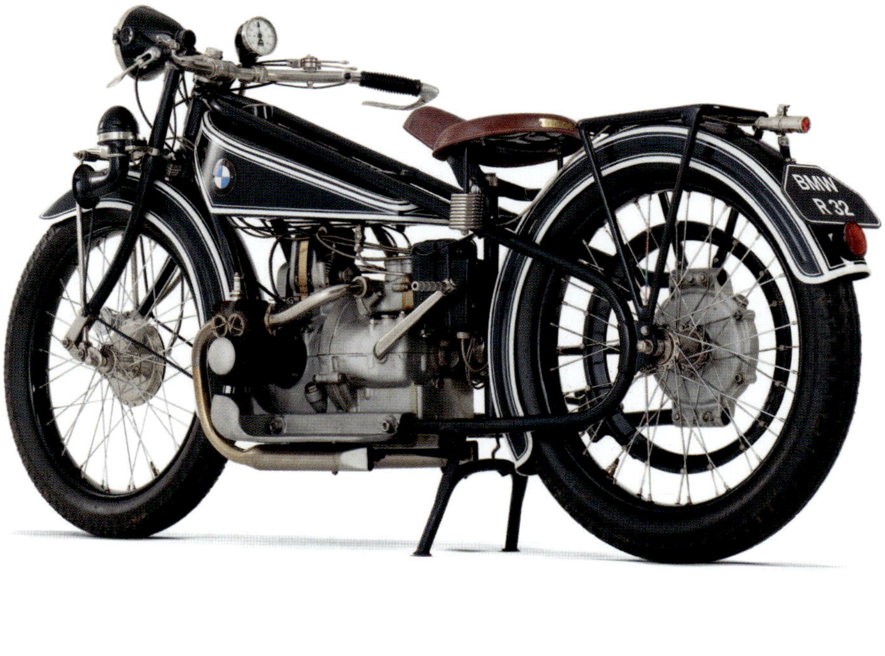

R 32

»Mit der R 32 schuf Max Friz den BMW-Stil.«

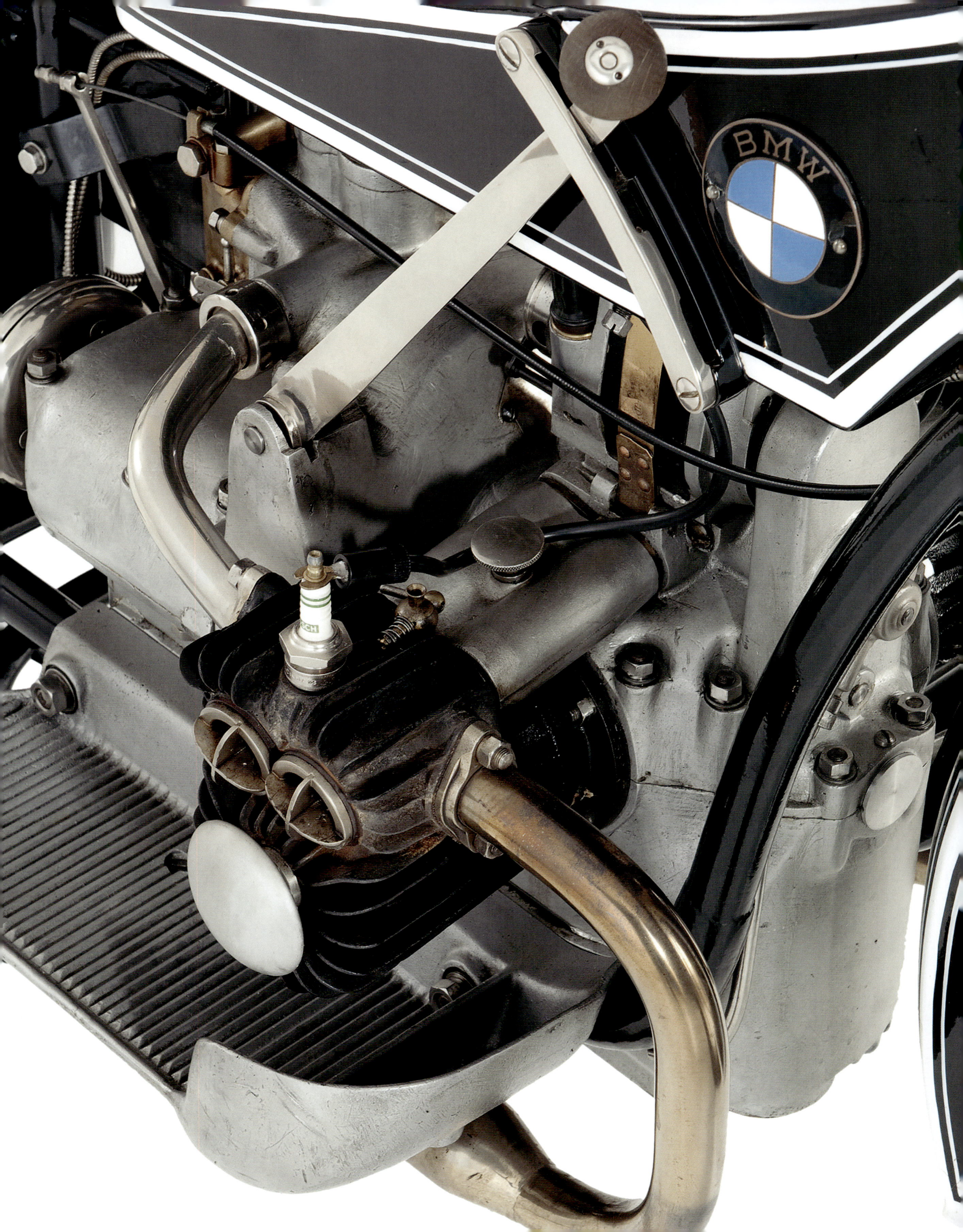

R 32 wurde im September 1923 erstmals auf der Automobilausstellung in den Hallen am Kaiserdamm in Berlin öffentlich gezeigt. Trotz - oder wegen - der generellen Einfachheit, des Designs, der Homogenität und der Herstellungsqualität löste die R 32 in der Motorradwelt eine kleine Revolution aus. Max Friz hatte sich entschieden, nicht dem damals üblichen Weg über das Fahrrad zum Motorrad zu folgen, sondern ein Gesamtkonzept herzustellen, bei dem ein längs eingebauter Boxermotor direkt über ein Getriebe und eine Kardanwelle das Hinterrad antrieb. Der M2 B33 genannte Motor war vom M2 B15 abgeleitet, nur saß er nun um eine Viertelumdrehung gedreht im Doppelschleifenrahmen, sodass neben dem direkten Antrieb auch die Kühlprobleme des hinteren Zylinders gelöst waren. Zwar hatte bereits 1919 die britische Firma Sopwith einen 400er-Boxermotor von ABC so in sein Motorrad gehängt, aber dann das Hinterrad per Kette angetrieben. Friz hatte die Kraft konsequent von der Kurbelwelle über die Kupplung, das Dreiganggetriebe und die Kardanwelle bis zur Hinterachse geleitet und erst dort umgelenkt. Insgesamt war diese Technologie nicht neu, doch das Gesamtpaket R 32 zeigte Verlässlichkeit, Sauberkeit und Seriosität. Insbesondere die Verwendung von Leichtmetall für die Kolben dieser ersten BMW zeigte die Erfahrungen aus dem Flugzeugbau und die daraus resultierende Leistungsfähigkeit - trotz der eher bescheidenen Leistung des 494-cm³-Seitenventil-Boxermotors, der es auf ganze 8,5 PS bei 3.300/min brachte.

Der M2 33B beschleunigte die R 32 immerhin auf 95 km/h - ausreichend für ein Motorrad, das anfangs keine Vorderradbremse und hinten nur eine simple Keilklotzbremse aufwies, die mit der Ferse des rechten Fußes betätigt wurde. Erst ab 1924 wurde das Vorderrad mit einer 150 mm großen Trommelbremse verzögert. Während das Hinterrad starr montiert war, wurde das Vorderrad in einer gezogenen Kurzschwinge

R 32

»Mit der R 32 wurde BMW ein eigenständiger Motorradhersteller.«

Entwicklung
1924 testete Max Friz eine R 32 mit OHV-Zylinderköpfen, die kommende Entwicklungen erahnen ließ.

R 32 (1923) Zweizylinder-Viertakt-Boxermotor, fahrtwindgekühlt, zentrale Nockenwelle, seitlich stehende Ventile (SV), Hubraum: 494 cm³, Bohrung x Hub: 68 x 68 mm, Leistung: 8,5 PS bei 3.300/min, 1 Vergaser BMW Spezial (22 mm), Einscheiben-Trockenkupplung, 3-Ganggetriebe, Endantrieb über Kardan, Doppelschleifenrahmen aus Stahlrohr, Federung vorn: gezogene Kurzschwinge und Blattfedern, hinten: starr; Bremsen: vorn Halbnaben-Trommelbremse 150 mm (ab 2. Serie), hinten Keilklotzbremse 425 mm, Räder: 26/26 Zoll; Leergewicht: 120 kg.

R 32

»Die R 32 ist ein rationelles und geniales Motorrad.«

geführt, die sich gegen unter dem Lenkkopf montierte Blattfedern abstützte. Trotz ihres für eine 500er stolzen Preises von 2.200 Rentenmark wurden in drei Jahren 3.090 Exemplare der R 32 gebaut, sodass sie für BMW auch zum kommerziellen Erfolg wurde.

Die schwarze Lackierung mit der weißen Doppel-Linierung machte das Motorrad sehr elegant und legte den Grundstein dafür, wie BMW-Motorräder in den nächsten Jahrzehnten auszusehen hatten. Erst 60 Jahre nach der R 32 kam die erste BMW (F 650) auf den Markt, die nicht per Kardanwelle angetrieben wurde. Bis heute bleiben der Boxermotor und der Kardanantrieb für BMW quasi Alleinstellungsmerkmale.

Eleganz
In einem Deutschland des grundlegenden Umbaus und der Hyperinflation stellte die erste BMW einen Meilenstein des Motorradbaus dar. Ein voller Erfolg.

R 37

| 1925 |

In Führung

Talent
Rudolf Schleicher zeigte 1925 stolz seine Konstruktion. Dieses Motorrad ermöglichte BMW zahlreiche Rennerfolge – auch mit Schleicher im Sattel, der ein ausgezeichneter Rennfahrer war.

Sport
Franz Bieber (links) und Rudolf Reich (Mitte) 1924 auf ihren R 37 an der Solitude-Rennstrecke bei Stuttgart. Schleicher sollte das Rennen gewinnen.

Neben der Victoria KR 2 mit ihrem quer eingebauten OHV-Boxermotor konnte die R 32 mit dem SV-Triebwerk nicht mithalten. Max Friz bat daher Rudolf Schleicher, einen kräftigeren Motor zu entwickeln. Der junge Ingenieur ließ sich von der Flugzeugtechnik inspirieren und konstruierte Leichtmetall-Zylinderköpfe mit halbkugelförmigen Brennräumen und im Winkel von 90° zueinander stehenden Ventilen. Der Ventiltrieb war vollständig gekapselt und geschmiert – damals ein echter Fortschritt. Die Kühlrippen wurden jetzt zum Luftstrom ausgerichtet, um die Kühlung zu verbessern. Trotz nur leicht erhöhter Verdichtung verdoppelte sich die Leistung fast auf 16 PS bei 4000/min, sodass die Maschine eine Höchstgeschwindigkeit von 115 km/h erreichte. Am 18. Mai 1924 starteten Franz Bieber, Rudolf Reich und natürlich Rudolf Schleicher mit Prototypen beim Solitude-Rennen und besiegten das Victoria-Team. Bieber wurde im selben Jahr der erste Deutsche Meister in der Halbliterklasse. Offiziell präsentiert wurde die R 37 getaufte Maschine im Dezember 1924 auf der Automobilausstellung in Berlin. Der neue Motor wurde M2 B36 genannt, doch der Rest war weitgehend von der R 32 übernommen worden. Die 700 Reichsmark Aufschlag gegenüber dem SV-Modell wollten jedoch nur 152 Kunden zahlen. 1926 gewann Schleicher mit der R 37 die Internationale Sechstagefahrt (ISDT) in England, sodass das britische Magazin *The Motor Cycle* schrieb: »Die interessanteste Maschine des gesamten Rennens war zweifellos die BMW mit ihrem längs eingebauten Boxermotor, dem gekapselten Ventiltrieb, dem glatten Motorgehäuse und Kardanantrieb. Selbst in den härtesten Etappen verlor der Motor kein Öl und lief absolut ruhig, er schien eine große Leistungsreserve zu haben. Die BMW ist in ihrer Konstruktion allen britischen Maschinen weit voraus.«
1927 wurde die R 37 durch die zwei PS stärkere R 47 ersetzt, die dank rationalisierter Fertigungsmethoden für 1.850 RM angeboten wurde und 1.720-mal gebaut wurde.

R 37 (1925) Zweizylinder-Viertakt-Boxermotor, fahrtwindgekühlt, per Stirnräder angetriebene zentrale Nockenwelle, Stößelstangen, Kipphebel, hängende Ventile (OHV), Hubraum: 494 cm³, Bohrung x Hub: 68 x 68 mm, Leistung: 16 PS bei 4.000/min, 1 BMW Dreischieber-Vergaser (26 mm), Einscheiben-Trockenkupplung, 3-Ganggetriebe, Endantrieb über Kardan, Doppelschleifenrahmen aus Stahlrohr, Federung vorn: gezogene Kurzschwinge und Blattfedern, hinten: starr; Bremsen: vorn Halbnaben-Trommelbremse 150 mm, hinten Keilklotzbremse 425 mm, Räder: 26/26 Zoll; Leergewicht: 134 kg.

R 37

»Die von Schleicher entwickelte R 37 brachte BMW die sportlichen Erfolge.«

»Dank Rudolf Schleicher wurde BMW ab 1924 sportlich erfolgreich.«

Siege
Rudolf Schleicher (Mitte), Franz Bieber (rechts) und Rudolf Reich (links) beherrschten am 18. Mai 1924 auf ihren R 37-Modellen das Rennen auf der Solitude bei Stuttgart.

Erste Erfolge

| 1924 |

In den Pioniertagen des Motorrads hing der Bekanntheitsgrad einer Marke sehr stark von ihren sportlichen Erfolgen ab. Max Friz, Vater der R 32, konnte noch vor der Premiere der ersten BMW im September 1923 von Rennerfolgen profitieren. Ab 1923 versuchte er auf der weltberühmten Solitude-Rennstrecke bei Stuttgart die vom ehemaligen BMW-Ingenieur Martin Stolle weiterentwickelten Victorias aus Nürnberg zu schlagen, die früher mit dem M2 B15-Seitenventilmotor von BMW ausgerüstet waren. Stolle war im Januar 1922 zu Victoria gegangen, um dort einen OHV-Motor zu entwickeln und noch im selben Jahr damit die ersten Rennen zu gewinnen. Um den Leistungsmangel seiner R 32 gegenüber der Victoria KR 2 zu überwinden, ließ Friz ebenfalls einen OHV-Boxer entwickeln, dessen Ventiltrieb anfangs offen lag. Am 17. Juni 1923 meldete Friz drei Prototypen zum Solitude-Rennen an, doch alle drei Maschinen mussten mit Kolbenfresser oder gebrochenen Ventilen aufgeben. Es war Josef Mayer, der mit seiner Victoria die 6 km lange unebene Strecke in 4 Minuten und 35 Sekunden bezwang und siegte. Seine ersten sportlichen Erfolge verdankte BMW dem 1923 eingestellten jungen Ingenieur Rudolf Schleicher. Am 2. Februar 1924 startete der 27-Jährige beim ADAC-Winterrennen in Garmisch-Partenkirchen und fuhr am Mittenwalder Steig mit seiner auf OHV-Zylinderköpfe umgerüsteten R 32 die beste Zeit. Um Victoria zu besiegen, hatte Schleicher dem Motor Leichtmetall-Zylinderköpfe mit halbkugelförmigen Brennräumen verpasst. Der Ventiltrieb war gegen Schmutz und zur Verbesserung der Schmierung vollständig gekapselt. Am 18. Mai 1924 konnten Schleicher und sein Kollege Franz Bieber mit ihren R 37 vor 300.000 Zuschauern und gegen fast 300 Konkurrenten auf der Solitude drei Klassensiege einfahren (4. und 5. Platz in der Gesamtwertung). Vor allem stellte die R 37 unter Rudolf Schleicher mit 4 Minuten, 2 Sekunden einen neuen Streckenrekord auf. Es sollten zahlreiche weitere Siege folgen …

R 16

| 1929 |

Robust

Massiv
Die R 16 wurde in fünf Serien gebaut. Die Serie V aus dem letzten Modelljahr 1934 war anhand der jetzt jeweils direkt am Zylinderkopf sitzenden Amal-Vergaser erkennbar. Zudem waren die Stirnräder zum Antrieb der Nockenwelle und der Zündung durch eine leise Kette ersetzt worden.

Sport
Ernst Henne, Geschwindigkeitsweltrekordhalter von 1929, steht hier 1931 beim Sechstagerennen von Monza neben seiner R 16.

Die R 16 erschien 1929 zusammen mit der seitengesteuerten R 11. Beide hatten ihre 750er-Motoren von den Übergangsmodellen R 62 und R 63 aus dem Vorjahr übernommen. Auf den ersten Blick waren die unterschiedlichen Zylinderköpfe (R 62/R 11: SV-Motor; R 63/R 16: OHV-Motor) zu erkennen, doch die Triebwerke unterschieden sich auch in ihren Grundmaßen: Waren die Seitenventiler quadratisch ausgelegt (Bohrung x Hub: 78 x 78 mm = 745 cm³ Hubraum) und leisteten 18 PS bei 3.400/min, wurden die OHV-Triebwerke kurzhubig ausgelegt (Bohrung x Hub: 83 x 68 mm = 735 cm³ Hubraum) und produzierten 24 PS bei 4.000/min. Von den Modellen R 62 und R 63 wurden in nur zwei Jahren über 10.000 Exemplare gebaut, was auch auf den Auftritt von BMW auf dem internationalen Markt zurückzuführen war. Weil zu dieser Zeit alle BMWs auf den Betrieb mit Beiwagen ausgelegt waren, gerieten die seit der R 32 kaum veränderten Rahmen und Gabeln aber immer mehr an ihre Grenzen. Und so stellte man 1929 ein völlig neues Fahrwerk mit Pressstahlkomponenten vor, die nicht nur stabiler als ihre Vorgänger waren, sondern auch niedrigere Herstellungskosten als Rohrrahmen versprachen. Erkauft wurde dies mit einem Mehrgewicht von ca. 10 kg. Die massiven Kotflügel und vergrößerten sowie in den Rahmen eingesetzten Tanks unterstrichen den massiven Stil der neuen Modelle. In England wurden die hinten weiterhin ungefederten Fahrwerke irrtümlich »Star-Frame« genannt – was hier so viel wie »Stern-Rahmen« bedeutete. Den Motor der R 63 hatte man fast unverändert übernommen, nur der Vergaser war um zwei auf 26 mm Durchlass angewachsen. Der genietete Blechrahmen wurde von manchen anderen Herstellern übernommen und damit in die »Deutsche Schule« des Motorradbaus aufgenommen.
Trotz ihrer 165 kg Leergewicht konnte die robuste und leistungsstarke R 16 zahlreiche Rennerfolge erzielen, darunter Siege bei den Sechstagerennen 1933 in Wales und 1934 in Garmisch-Partenkirchen.

R 16 (1929) Zweizylinder-Viertakt-Boxermotor, fahrtwindgekühlt, per Stirnräder (ab 1934 per Steuerkette) angetriebene zentrale Nockenwelle, Stößelstangen, Kipphebel, hängende Ventile (OHV), Hubraum: 735 cm³, Bohrung x Hub: 83 x 68 mm, Leistung: 24 PS bei 4.000/min, 1 BMW-Dreidüsen-Vergaser (26 mm) (ab 1934: 2 Amal-Vergaser 25 mm), Einscheiben-Trockenkupplung, 3-Ganggetriebe, Endantrieb über Kardan, Doppelschleifen-Pressstahlrahmen, Federung vorn: gezogene Pressstahlschwinge und Blattfedern, hinten: starr; Bremsen: vorn Halbnaben-Trommelbremse 200 mm, hinten Außenbackenbremse am Kardan 115 mm, Räder: 26/26 Zoll; Leergewicht: 165 kg.

R 16

»Die R 16 steht mit ihrem genieteten Pressstahlrahmen für die neue Deutsche Schule im Motorradbau.«

»Die Kompressor-Boxermotoren von BMW setzten einen Meilenstein im Motorradrennsport.«

Die Kompressor-Ära

| 1929 |

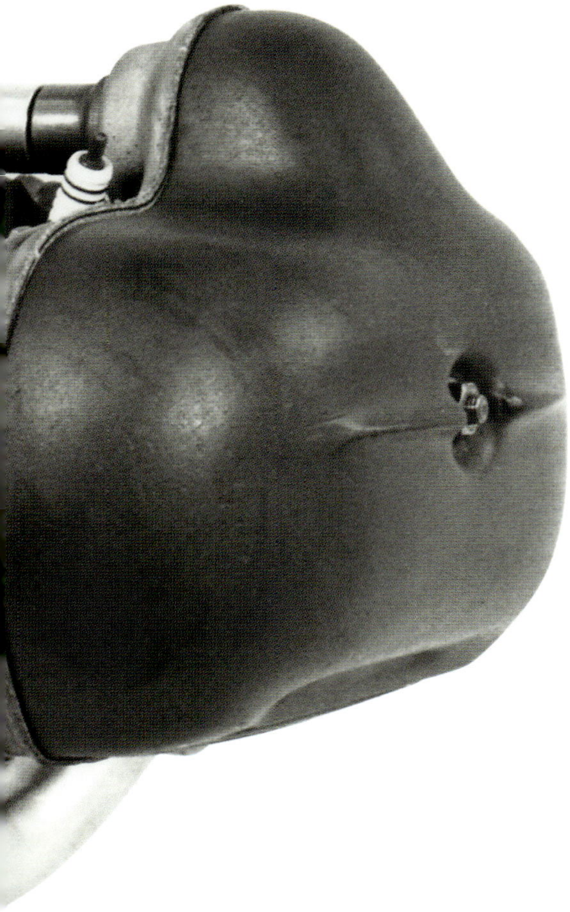

Die in den 1920er-Jahren ursprünglich für die Luftfahrt entwickelten Kompressormotoren sollten in großen Höhen den durch den verringerten Sauerstoffgehalt entstehenden Leistungsmangel ausgleichen. Bei Landfahrzeugen konnte man damit die Motorleistung beträchtlich steigern. Der innovative BMW-Chefkonstrukteur Rudolf Schleicher sah im Kompressor neue Möglichkeiten, die Leistung seiner Rennmaschinen zu steigern. Dessen Schwager Gustav Steinlein war Techniker bei Victoria in Nürnberg und arbeitete bereits erfolgreich an einem Kompressor, mit dem er seinen 500er-Boxermotor aufladen wollte. Schleicher experimentierte zur gleichen Zeit zusammen mit dem Mechaniker Josef »Sepp« Hopf an einem Kompressormotor. Doch der Technische Direktor Max Friz hielt das Projekt für unnötig. Auch aus diesem Grund schied Schleicher 1927 bei BMW aus. Nach Einwänden durch Ernst Henne musste Friz seine Entscheidung bald zurücknehmen und ließ die Motoren einer 500er R 57 und einer 750er R 63 mit einem über das Getriebe angetriebenen französischen Cozette-Kompressor ausrüsten, was die Motoren 55 bzw. 75 PS leisten ließ. Henne startete damit zum ersten Mal in Kolberg, musste jedoch wegen technischer Defekte aufgeben. 1929 wurden erstmals offiziell Kompressor-BMWs bei Rennen eingesetzt – und waren sofort konkurrenzfähig. Im September stellte Henne mit einer BMW WR 750 (mit Zoller-Kompressor) einen neuen Geschwindigkeitsrekord (216,75 km/h) auf. Zwischen 1929 und 1937 fuhr Henne insgesamt 76 Weltrekorde ein, darunter 1935 den letzten mit der WR 750 (mit 256,046 km/h). Ab 1936 durfte nur noch mit 500ern gefahren werden, doch auch das hielt Henne nicht davon ab, neue Rekorde aufzustellen: Am 28. November 1937 fuhr er mit einer vollständig verschalten 500er-Kompressormaschine 279,5 km/h. Die bekannteste Kompressor-BMW ist wohl der von Georg »Schorsch« Meier bei der Tourist Trophy eingesetzte Typ 255 (138 kg Leergewicht, 60 PS). Hier saß der Zoller-Kompressor vorn am Motor und wurde direkt von der Kurbelwelle angetrieben. Wenige Wochen nach seinem Erfolg auf der Isle of Man war Meier der erste Fahrer, der auf der belgischen Rennstrecke Spa-Francorchamps eine Durchschnittsgeschwindigkeit von über 100 Meilen pro Stunde (ca. 160 km/h) erreichte.

Type 255
Dieser Halbliter-Rennmotor vom Typ 255 kam in der Saison 1938 zum Einsatz. Vorn auf der Kurbelwelle sitzt unter dem verrippten Deckel der Zoller-Kompressor.

R 2

| 1931 |

Erschwinglicher Einzylinder

Block
Neben dem Zylinder der R 2 von 1938 führen drei Rohre zum Zylinderkopf. In den dickeren äußeren Rohren oszillieren die Stößelstangen zwischen der unten liegenden Nockenwelle und den Kipphebeln. Geschmiert werden die Kipphebel mit Ölnebel, der in den Stößelstangenrohren aufsteigt. Der Rücklauf des Öls erfolgt über das mittige dünnere Rohr.

Evolution
Ab 1932 wurde die R 2 mit einem neuen Ventildeckel und einem neuen Bremshebel ausgerüstet. Ein Jahr später kam ein Amal-Vergaser mit 18,2 mm Durchlass und die Gabel erhielt einen Reibungsdämpfer.

Das erste Einzylinder-Motorrad von BMW war die ab 1925 gebaute R 39. Abgeleitet von den Hochleistungs- und Hochpreis-Motorrädern Motorrädern, war diese BMW alles andere als ein Billig-Krad, sondern vielmehr eine Sportmaschine mit OHV-Zylinderkopf. Aus 247 cm³ (68 x 68 mm) entstanden 6,5 PS bei 4.000/min, mit denen 100 km/h erreicht werden konnten. Mit dieser Maschine gewann Sepp Stelzer 1925 die Deutsche Meisterschaft. Der Preis von 1.870 RM begrenzte die Verbreitung der R 39 bis 1927 auf lediglich 855 Exemplare. Ab dem 1. April 1928 waren Motorräder mit weniger als 200 cm³ von der Kfz-Steuer befreit, zudem durften sie ohne Führerschein gefahren werden. BMW behielt seine Prinzipien bei und hielt das hohe Leistungs- und Qualitätsniveau seiner Zweizylinder mit 500 und 750 cm³ Hubraum, sodass es nur natürlich war, dass die wichtigsten technischen Merkmale dieser Modell bei der Konstruktion eines neuen Einzylinder-Motorrades übernommen werden sollten: der Pressstahlrahmen, das mit dem Motorblock verschraubte Getriebe und der Kardanantrieb. Dennoch wurde die R 2 mit 110 kg Trockengewicht deutlich leichter als die 750er. Eine der wichtigsten Neuerungen war die Trommelbremse im Hinterrad, mit der die auf die Kardanwelle wirkende Bremse ersetzt wurde. Der Einzylindermotor basierte weitgehend auf der R 39, nur der Hubraum von 198 cm³ (63 x 64 mm) wurde an die gesetzlichen Vorgaben angepasst. Die R 2 wurde im Dezember 1930 vorgestellt und sollte im folgenden Frühjahr in Serie gehen. Trotz der harten Konkurrenz auf dem deutschen Markt konnten von der mit 975 RM relativ erschwinglichen Maschine bis 1936 über 15.000 Exemplare verkauft werden.

R 2 (1931) Einzylinder-Viertaktmotor, fahrtwindgekühlt, untenliegende Nockenwelle, Stößelstangen, Kipphebel, hängende Ventile (OHV), Hubraum: 198 cm³, Bohrung x Hub: 63 x 64 mm, Leistung: 6 PS bei 3.500/min, 1 Sum-Vergaser (19 mm), Einscheiben-Trockenkupplung, 3-Ganggetriebe, Endantrieb über Kardan, Doppelschleifen-Pressstahlrahmen, Federung vorn: gezogene Kurzschwinge und Blattfedern, hinten: starr; Bremsen: vorn/hinten Halbnaben-Trommelbremse 180 mm, Räder: 25/25 Zoll; Leergewicht: 110 kg.

R 2

»Weil sie ohne Führerschein und steuerfrei gefahren werden durfte, war die R 2 ein großer kommerzieller Erfolg.«

R 12

| 1935 |

Innovation an der Front

Seitenventiler
Die R 12 mit SV-Motor (erkennbar an den verrippten Zylinderdeckeln) wurde dank ihrer bulligen Leistungsentfaltung gern als Behördenkrad und Gespannmaschine eingesetzt.

BMW expandierte seit Beginn der 1930er-Jahre. Im Jahr 1934 stieg die Motorradproduktion von 4.734 auf 9.684 Einheiten. Innerhalb des Unternehmens fanden Umstrukturierungen statt, und Max Friz übernahm in Eisenach eine neue Fabrik, die ausschließlich dem Bau von Flugzeugmotoren dienen sollte. Rudolf Schleicher, der BMW 1927 verlassen hatte, um unter anderem bei Horch einen Achtzylindermotor zu entwickeln, kam zurück und übernahm von Friz den Posten des Technischen Direktors der Auto- und Motorradabteilung. Die zwei 750er-Modelle sollten durch neue Baureihen ersetzt werden: Die R 12 mit SV- und die R 17 mit OHV-Motor. Die Innovationen bei beiden Modellen betrafen die Vorderradaufhängung: Erstmals in der serienmäßigen Motorradfertigung kam eine hydraulische Teleskopgabel zum Einsatz. Die beiden neuen 750er wurden im Februar 1935 in Berlin vorgestellt. Angeblich stellte Adolf Hitler beim Rundgang über die Automobilausstellung an Rudolf Schleicher die Frage, warum das Motorrad nicht wie die Konkurrenz auch mit einer Hinterradfederung ausgerüstet sei. Schleicher übte sich in Verlegenheit, obwohl er bereits an einem gefederten Heck arbeitete. Die Telegabel war 1934 an einer R 11 getestet worden, wo sie eine erheblich bessere Straßenlage brachte. Neben der neuen Gabel blieben andere Modifikationen wie eine verstärkte Kurbelwelle, das Vierganggetriebe, die Batteriezündung und die Trommelbremse im Hinterrad fast unbemerkt. Die Grundkonstruktionen der Motoren hatte man von den Vorgängern R 11 und R 16 übernommen, die R 12 gab es mit einem Sum-Registervergaser (25 mm Durchlass) und 18 PS bei 3400/min oder mit zwei Amal-Vergasern (23,8 mm Durchlass) und 20 PS bei 4.000/min. Die R 17 entwickelte mithilfe zweier Amal-Vergaser (25,4 mm Durchlass) 33 PS bei 5.000/min.
Die Preise wurden auf 1.630 und 2.040 RM festgelegt. Der Bau des Sportmodells endete 1937 nach nur 434 Motorrädern, während die Produktion der R 12

R 12 (1935) Zweizylinder-Viertakt-Boxermotor, fahrtwindgekühlt, zentrale Nockenwelle, seitlich stehende Ventile (SV), Hubraum: 745 cm³, Bohrung x Hub: 78 x 78 mm, Leistung: 18 PS bei 3.400/min oder 20 PS bei 4.000/min, 1 Sum-Registervergaser (25 mm) oder 2 Amal-Vergaser (23,8 mm), Zweischeiben-Trockenkupplung, 4-Ganggetriebe, Endantrieb über Kardan, Doppelschleifen-Pressstahlrahmen, Federung vorn: hydraulische Teleskopgabel, hinten: starr; Bremsen: vorn/hinten Halbnaben-Trommelbremse 200 mm, Räder: 19/19 Zoll; Leergewicht: 185 kg.

R 12

»BMW führte die hydraulische Teleskopgabel im Serienmotorrad ein.«

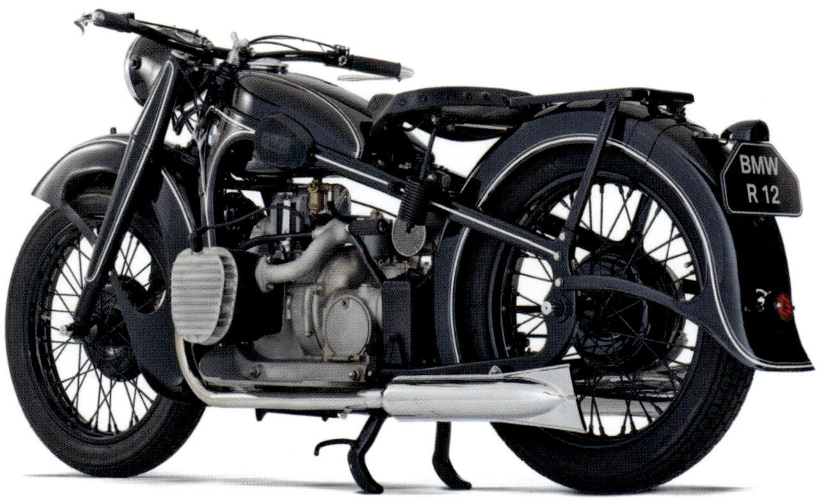

R 12

»Dieses Motorrad wurde in mehr als 36.000 Exemplaren gebaut.«

fortgeführt wurde. Ab 1938 wurde die Deutsche Wehrmacht mit der unglaublich robusten Einvergaser-Version der R 12 ausgerüstet, was dem Ruf der Zuverlässigkeit einer BMW sehr zugutekam. Für den Militäreinsatz war die R 12 zumeist mit einem Beiwagen ausgestattet, was dem auf hohes Drehmoment ausgelegten SV-Motor entgegenkam, um das Gefährt aus jeder Situation herausziehen zu können. Bis zur Ankunft der R 75 im Jahr 1942 war die R 12 das Standard-Motorrad der deutschen Armee.

Schutz
Der imposante Vorderrad-Kotflügel trägt zum markanten Profil der Modelle R 12 und R 17 bei. Für das Militär tat es dann auch eine einfachere Version. Hier wird der Motor von einem einzelnen Sum-Vergaser beatmet.

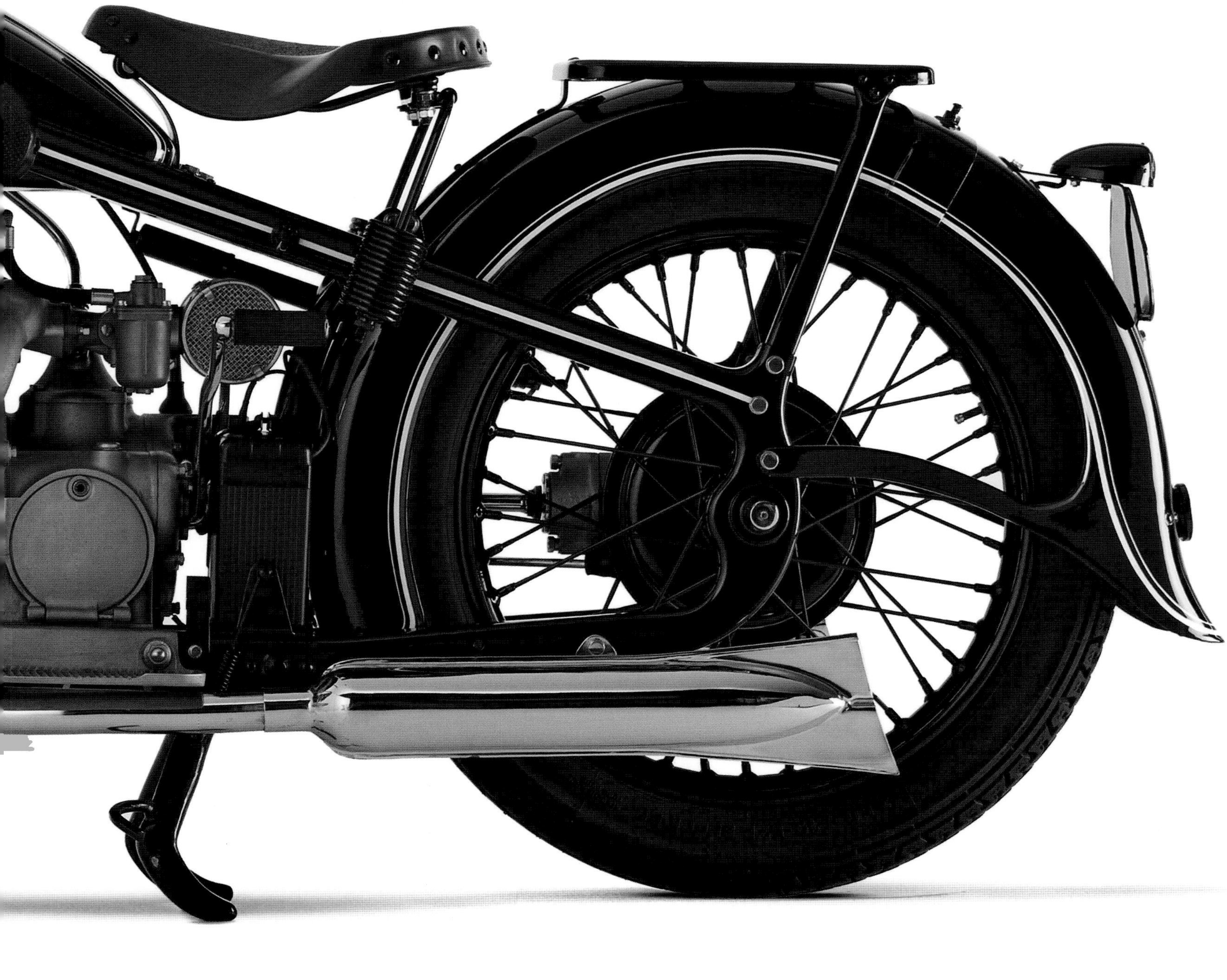

R 5

| 1936 |

Schick und sportlich

Während im BMW-Programm von 1935 vor allem die neuen 750er mit Telegabel gefeiert wurden, begann das Jahr 1936 mit einem echten Paukenschlag. Am 15. Februar stand auf dem BMW-Stand der Internationalen Automobil- und Motorrad-Ausstellung (IAMA) in Berlin ein Motorrad, das aussah wie die Rennmaschine des Vorjahres, nur ohne Kompressor. Die von Leonhard Ischinger und Rudolf Schleicher entwickelte R 5 hatte Teile der Technik der Kompressor-500er übernommen und war der Höhepunkt des BMW-Programms. Das »254/1« genannte Triebwerk hatte die bekannten Halbliter-Maße (Bohrung x Hub: 68 x 68 mm, 494 cm³ Hubraum) und OHV-Zylinderköpfe. Im neuen glatten Motor-Tunnelgehäuse drehten sich zwei per Kette angetriebene Nockenwellen, die kürzere Stößelstangen ermöglichten und so zusammen mit neuen Haarnadelfedern die oszillierenden Massen verringerten, was sich wiederum positiv auf die Drehzahlfestigkeit auswirkte. Die Ventile standen im Winkel von 80° zueinander, um die von zwei 22er Amal-Vergasern vorbereitete Füllung zu optimieren: 24 PS bei 5.800/min waren in der 500er-Klasse damals Spitzenwerte. Das Vierganggetriebe wurde erstmals bei BMW per Fußhebel geschaltet. Die einzigartige Technik sitzt in einem neuen Doppelschleifen-Rohrrahmen, der jetzt im WIG-Schweißverfahren aus ovalen Rohren hergestellt war und stark dem Fahrgestell der Kompressor-Rennmaschine ähnelte – Rennerfolge waren immer sehr gute Verkaufsargumente. Die neue Gabel erlaubte 100 mm Federweg, und die Dämpfung war einstellbar. Die 1.550 RM teure R 5 erreichte 135 km/h Höchstgeschwindigkeit und lief leiser als alle Konkurrenten. Die R 5 konkurrierte gegen die besten Motorräder der Welt, wurde aber nur 1936 und 1937 in 2652 Exemplaren gebaut. In vielerlei Hinsicht setzte die R 5 technische Meilensteine für BMW-Motorräder der folgenden zwei Dekaden – nur das starre Heck war etwas anachronistisch.

1936 wurde der R 5 das Touren- und Gespannmodell R 6 zur Seite gestellt – mit dem ersten 600er-Motor von BMW. Deren stehend angeordnete Ventile wurden wieder über eine zentrale Nockenwelle gesteuert und die Leistung war mit 18 PS bei 4.800/min angegeben. Ihr Fahrwerk war identisch mit dem der R 5. Bereits 1936 wurde die R 5 in Wettbewerben eingesetzt, wo sie sowohl auf der Straße wie auch im Gelände gute Leistungen erbrachte. BMW entschied, unter der Ägide von Sepp Stelzer einige R 5 SS (Super Sport) anzubieten. Der gut vorbereitete Motor leistete etwa 30 PS, und die Maschine erreichte 160 km/h Höchstgeschwindigkeit. Die R 5 wurde für BMW zu einem

Raffinesse
Ab 1936 begründen die fließenden Linien die Schönheit der R 5. Sie soll Vorbild für das für 2021 erwartete Cruiser-Modell mit dem neuen 1800er-Boxermotor gewesen sein.

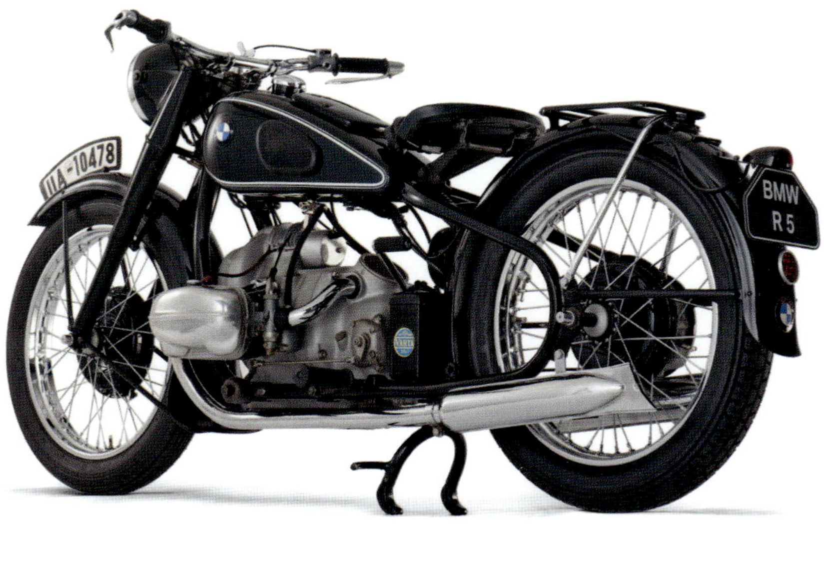

R 5

»Die R 5 bildete die Grundlage für die Boxer der kommenden 20 Jahre.«

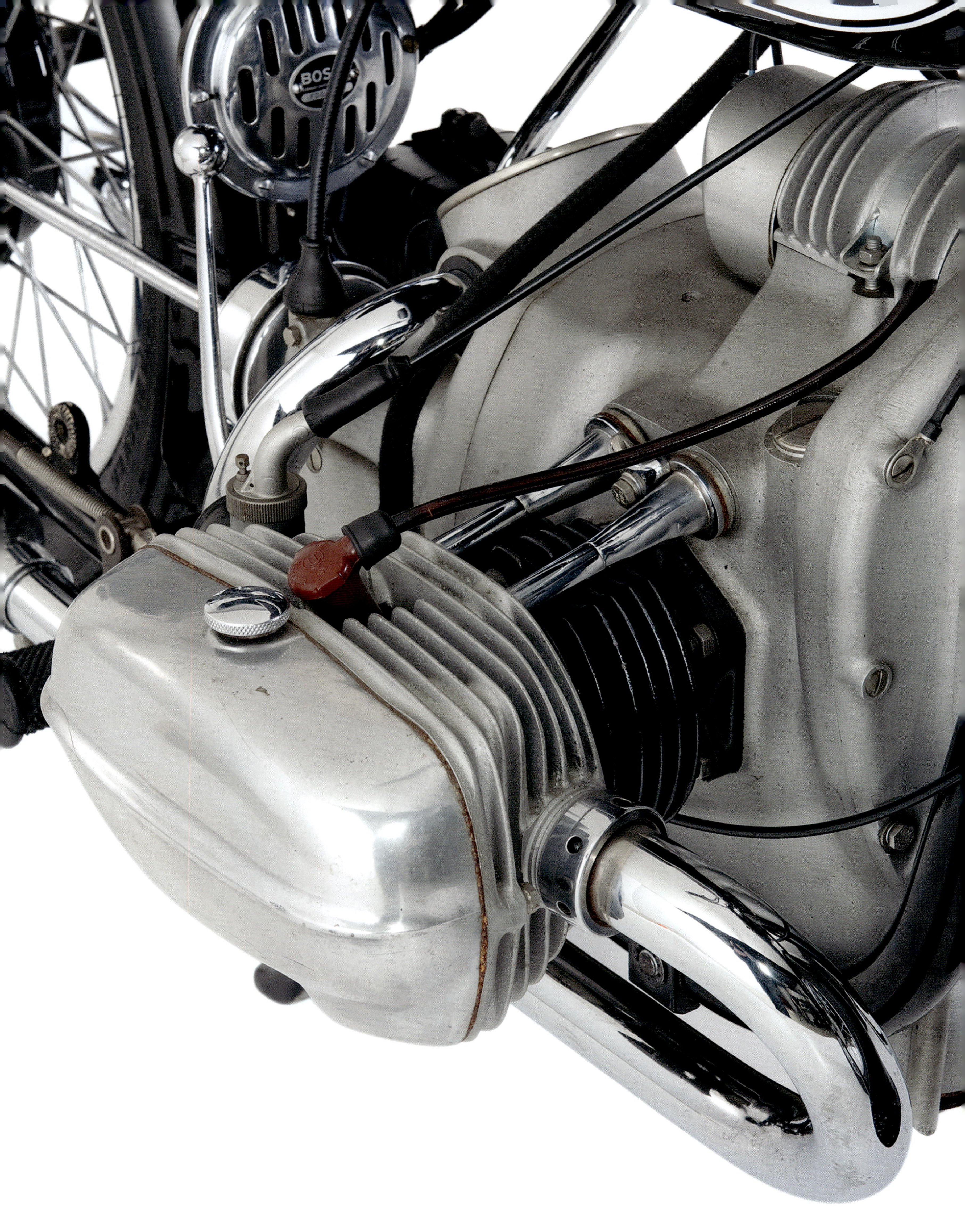

sehr wichtigen Modell der Vorkriegszeit, um gegen die Konkurrenz von NSU oder von der Britischen Insel mithalten zu können.

Erst 2005 wurde bei BMW die in einer Kiste eingelagerte R 7 wiederentdeckt, die zugunsten der R 5 aufgegeben wurde. Die R 7 war 1934 nur einmal gebaut worden – als Prototyp, der es niemals durch die BMW-Werkstore geschafft hat. Ihr stromlinienförmiges Design war mit Pressblechrahmen und diversen Verschalungen vom Art Déco inspiriert, und der vom auch für das R 5-Triebwerk verantwortlichen Ingenieur Leonard Ischinger konstruierte Motor mit unterhalb der Kurbelwelle liegender Nockenwelle sollte bis zu 800 cm³ Hubraum aufweisen. Dessen aus einem Stück gegossene Zylinder samt Köpfen sollten niemals in Serie gehen.

R 5

»Die Qualität der Fertigung war zu dieser Zeit äußerst selten.«

Balance
Die Stabilität des R 5-Fahrgestells wurde auf vielerlei Weise getestet.

R 5 (1936) Zweizylinder-Viertakt-Boxermotor, fahrtwindgekühlt, zwei per Kette angetriebene untenliegende Nockenwellen, Stößelstangen, Kipphebel, hängende Ventile (OHV), Hubraum: 494 cm³, Bohrung x Hub: 68 x 68 mm, Leistung: 24 PS bei 5.500/min, max. Drehmoment: 31,4 Nm bei 3.500/min, 2 Amal-Vergaser (22 mm), Einscheiben-Trockenkupplung, 4-Ganggetriebe, Endantrieb über Kardan, Doppelschleifen-Stahlrohrrahmen, Federung vorn: Teleskopgabel (100 mm Federweg), hinten: starr; Bremsen: vorn und hinten Halbnaben-Trommelbremse 200 mm, Räder: 19/19 Zoll; Leergewicht: 165 kg.

»Ernst Henne auf dem Weg zu seinem unglaublichen Geschwindigkeitsweltrekord von 279,5 km/h.«

76 Rekorde
In den acht Jahren auf der Jagd nach dem letzten Stundenkilometer erreichte der unglaubliche Ernst Henne 76 Geschwindigkeitsweltrekorde.

Ernst Henne und die Rekorde

| 1937 |

Die Jagd nach Geschwindigkeitsrekorden auf zwei Rädern begann bereits in den 1870er-Jahren, als Pierre Michaux, der Erfinder des Pedalantriebs, im Sattel seines mit einer kleinen Dampfmaschine ausgerüsteten Vélocipède ein Tempo von 15 km/h erreichte. Die Geschwindigkeitsbesessenheit führt uns direkt zum Donnerstag, dem 19. September 1929, auf eine Straße bei Ingolstadt, wo der 25-jährige Ernst Jakob Henne auf seiner BMW WR 750 mit 735er-Kompressormotor vier Rekorde aufstellt, darunter den absoluten Geschwindigkeitsweltrekord von 216,75 km/h. Henne war ein talentierter Fahrer, der bereits 1923 sein erstes Rennen bestritt und 1926 Werksfahrer bei BMW wurde, um zweimal in Folge die Deutsche Meisterschaft zu gewinnen. 1928 gelang es ihm, BMW von der Wichtigkeit des Geschwindigkeitsweltrekords zu überzeugen. Die Idee, eine R 37 mit einem Kompressor auszurüsten, hatten Rudolf Schleicher und sein Mechaniker Josef Hopf bereits untersucht. Nach dem Weggang von Schleicher übernahmen Henne und Hopf 1927 das Projekt und entwickelten parallel zur WR 750 auch eine 500er-Version. Henne wusste, dass die Konkurrenz härter werden würde. Und nach einigen Rekordversuchen auf Eis in Schweden fuhr er im September 1930 bei München eine Geschwindigkeit von 221,54 km/h – und verpasste damit den vom Briten Joe Wright gehaltenen Rekord um gerade einmal 0,6 km/h. Immerhin stellte er mit 190,83 km/h einen neuen Weltrekord für Beiwagengespanne auf. Nach der Rückkehr von Rudolf Schleicher zu BMW 1931 erhielt er von diesem wertvolle Hilfe. Technische Verbesserungen erlaubten Henne, am 27. September 1935 die WR 750 auf der Autobahn bei Frankfurt auf 254,046 km/h zu beschleunigen. Dann musste die 750er der 500er weichen, und die aerodynamischen Tricks mit profiliertem Helm und spitz zulaufendem Heck reichten nicht mehr. Es wurde eine das Motorrad und den Fahrer umschließende Verkleidung entwickelt, die jedoch bei Seitenwind instabil wurde. Am 12. Oktober 1936 fuhr Henne bei Frankfurt eine Geschwindigkeit von 272 km/h. Für seinen letzten Versuch wurde die Verkleidung neu gestaltet und mit einem Heck-Stabilisator ausgerüstet. Eine ursprünglich vorgesehene Haube wurde von Henne entfernt und durch seinen stromlinienförmigen Helm ersetzt. Am 28. November 1937 erreichte er auf der Autobahn zwischen Frankfurt und Darmstadt eine Höchstgeschwindigkeit von 279,5 km/h – der Weltrekord sollte (auch kriegsbedingt) 14 Jahre halten.

»Georg Meier fliegt mit der 500er-Kompressor-BMW seinem Sieg bei der Tourist Trophy 1939 entgegen.«

Überflug
Nach zwei Stunden und 57 Minuten Renndauer konnte Georg »Schorsch« Meier 1939 als erster Nicht-Brite auf einem nicht britischen Motorrad die Senior-TT auf der Isle of Man gewinnen. Zwei Wochen später gewann er die nächste TT: die Dutch TT in Assen.

Sieg bei der Tourist Trophy

| 1939 |

Der Sieg von Georg »Schorsch« Meier bei der Tourist Trophy 1939 auf der Kompressor-BMW des Typs 255 war ein historischer Höhepunkt in der Geschichte von BMW. Er war das Ergebnis einer unvorhersehbaren Verbindung zwischen einem talentierten Fahrer und der bereits 1926 begonnenen Forschung an aufgeladenen Motoren bei BMW. Der Ingenieur Rudolf Schleicher hatte damals einen französischen Cozette-Kompressor auf das Getriebe einer R 57 gesetzt, um die Ansaugluft des Motors zu verdichten und dadurch die Leistung zu erhöhen. Er entwickelte die Technologie weiter und konzentrierte sich bald auf einen deutschen Zoller-Kompressor, den er vorn auf die Kurbelwelle eines 500er-Boxers verpflanzen konnte. 1938 stellte BMW das Ziel auf, das berühmteste Rennen der Welt zu gewinnen: die Tourist Trophy. Als Motorrad dafür diente der Typ 255, der mit per Königswellen und obenliegende Nockenwellen gesteuerten Ventilen 60 PS mobilisierte. Die Technik wurde in einem neuen Stahlrohrrahmen untergebracht, der hinten über eine Geradewegfederung und vorn über eine Teleskopgabel verfügte. Im gleichen Jahr fuhr der junge Motorradpolizist und exzellente Geländefahrer Georg Meier seine erste Straßen-Saison und wurde sofort Europameister. Die Ambitionen von BMW auf der Isle of Man wurden jedoch nach dem schweren Unfall von Karl Gall im Training und einer bei Meier in der ersten Runden aussetzenden Zündkerze begraben. Bei der TT 1939 waren die Briten, die hier seit 1907 dominierten, über Meiers Rückkehr nicht besorgt. Man hatte sogar Spaß daran, ein »L« für »Learner« auf sein Motorrad zu pinseln. Am zweiten Trainingstag fuhr Meier die schnellste Runde. Der Optimismus wurde jedoch durch ein Drama gedämpft: Karl Gall stürzte bei einem Sprung über die berühmte Balaugh Bridge und wurde so schwer verletzt, dass er einige Tage später verstarb. Georg Meier war darüber bestürzt, traf jedoch gleichzeitig die Entscheidung, trotzdem an den Start zu gehen. »Das Motorrad lief gut, und ich habe mich gut darauf gefühlt«, sagte Meier später. Er hatte Probleme, die Hinweisschilder seines Teams zu lesen, erkannte aber bald, dass er 50 Sekunden Vorsprung hatte. Meier gewann am Ende mit zwei Minuten Vorsprung vor seinem Teamkollegen Jock West. Damit war er der erste Nicht-Brite, der auf einem nicht britischen Motorrad die Senior-TT auf der Isle of Man gewann.

R 75 Military

| 1941 |

Kriegsgerät

Versuch
Die R 75 wurde während ihrer Entwicklung ausgiebig getestet – hier vom berühmten Rennfahrer Walter Zeller in den Alpen.

Airbox
In der zweiten Serie wurde der Luftfilter der R 75 oben auf den Tank gesetzt, um die Wattiefe zu verbessern.

Nachdem Adolf Hitler 1933 Reichskanzler geworden war, begann die Remilitarisierung Deutschlands. Im Motorradbereich profitierten davon vor allem BMW in München und Zündapp in Nürnberg. 1937 stellte die Wehrmacht an beide Unternehmen präzise Anforderungen an ein schweres Militärgespann: Der Hubraum sollte 750 cm³ betragen, es mussten 500 kg Nutzlast transportiert werden können, die Bodenfreiheit musste bei 150 mm liegen und mit drei Personen an Bord sollten eine Reisegeschwindigkeit von 80 km/h und eine Reichweite von 350 km mit einer Tankfüllung erreicht werden. Die Reifen sollten zudem 16 Zoll groß sein, um mit denen des Kübelwagens kompatibel zu sein. Die Konkurrenz zwischen beiden Marken war hart – und die Zündapp war der BMW bei vielen Tests überlegen. Um die Ersatzteilhaltung und Reparaturen zu vereinfachen, wurde verlangt, dass beide Fahrzeuge möglichst viele Gleichteile aufwiesen. Nach der Präsentation der ersten Prototypen 1938 verlangte die Wehrmacht zusätzlich, dass auch ein Beiwagenantrieb sowie ein Rückwärtsgang an Bord sein sollten. Auf der anderen Seite mussten die Fahrzeuge sowohl in der Hitze Afrikas als auch in der Eiseskälte Sibiriens zuverlässig und leistungsfähig sein und mit unterschiedlichen Kraftstoffqualitäten zurechtkommen. Am 20. Juli 1940 genehmigte das Militär sowohl den Bau der Zündapp KS 750 als auch der BMW R 75, deren Produktion erst im Juni 1941 begann. Im September 1941 waren bereits 1.274 R 75-Gespanne ausgeliefert worden. Weil alle Kapazitäten in München für den Bau von Flugzeugmotoren benötigt wurden, musste die Produktion der R 75 ab Oktober 1942 nach Eisenach verlagert werden, wo dafür der Automobilbau aufgegeben wurde. Pro Tag rollten hier jetzt bis zu 25 Gespanne aus den Werkshallen – bis 1944 wurden es über 18.000 Stück.

R 75 (1941) Zweizylinder-Viertakt-Boxermotor, fahrtwindgekühlt, per Stirnräder angetriebene zentrale Nockenwelle, Stößelstangen, Kipphebel, hängende Ventile (OHV), Hubraum: 745 cm³, Bohrung x Hub: 78 x 78 mm, Leistung: 26 PS bei 4.400/min, 2 Graetzin SA-Vergaser (24 mm), Einscheiben-Trockenkupplung, 4 Vorwärtsgänge, 1 Rückwärtsgang, Geländeuntersetzung; Endantrieb über Kardan, Beiwagenantrieb mit sperrbarem Ausgleichsgetriebe, verschraubter Doppelschleifen-Stahlrohrrahmen, Federung vorn: Teleskopgabel (160 mm Federweg), hinten: starr; Bremsen vorn, hinten, Beiwagen: Halbnaben-Trommelbremse 250 mm, Räder: 16/16/16 Zoll; Leergewicht: 420 kg.

R 75 Military

»Zusammen mit dem Willys Jeep und der Harley WLA gehört die BMW R 75 zu den berühmtesten Militärfahrzeugen.«

Kapitel 3

GESCHICHTE

Wiederaufbau und Rennsport

1942 › 1969

Zerstörung
Das BMW-Werk in Milbertshofen wurde durch alliierte Bomben stark beschädigt.

Alfred Böning
Der Ingenieur war ab 1946 verantwortlich für den Fahrzeugbau.

Nach der am 8. Mai 1945 in Berlin unterzeichneten Kapitulation musste sich BMW erneut mit einem Nachkriegs-Desaster auseinandersetzen und zum zweiten Mal in der Firmengeschichte einen Neuanfang wagen. Während 1944 über 47.000 Menschen in den verschiedenen militärischen Produktionsstätten gearbeitet hatten, war die Situation jetzt kritischer als nach 1918. Am 2. Oktober 1945 wurde in der amerikanischen Besatzungszone der Befehl zur völligen Demontage der Marke samt aller Einrichtungen und Gebäude erteilt. Das Werk in Eisenach lag in der sowjetisch besetzten Zone und war in Awtowelo umbenannt worden. Es sah nicht gut aus für BMW, doch bereits im Juni 1946 beauftragte einVorstandsmitglied den Ingenieur Alfred Böning, ein neues Motorrad zu konstruieren. Da die Alliierten die Hubraumbegrenzung für Motorräder inzwischen von 60 auf 250 cm³ erhöht hatten, wurde entschieden, die Produktion der R 23 von 1938 wieder aufzunehmen. Doch weil die Sowjets alle technischen Unterlagen beschlagnahmt hatten, musste erst eine alte R 23 zerlegt werden, um neue Pläne anfertigen zu können. Im Herbst 1947 entstanden die ersten Prototypen, und im März 1948 konnte die neue R 24 auf dem Genfer Salon gezeigt werden. Die Händler waren begeistert und reichten 2.500 Bestellungen ein. Ende 1949 waren 8.144 Fahrzeuge ausgeliefert worden. BMW war wieder am Start …

Höhen und Tiefen

Die 1950er-Jahre waren für BMW eine wichtige Periode. Der Wiederaufbau war abgeschlossen und die Marke hatte wieder sportliche und kommerzielle Erfolge vorzuweisen. Die Konstruktionsabteilung arbeitete an neuen Modellen und stellte 1953 sogar einen Motorroller namens R 10 vor, der allerdings nie in Serie ging. Mit der R 50 und der R 69 gingen 1955 jedoch die ersten sogenannten Vollschwingen-BMWs in Serie, bei denen das Hinterrad in einer gezogenen Schwinge (wie heute üblich) und das Vorderrad in einer geschobenen Schwinge (»Earles-Gabel«) geführt wurden. Leider brach der Motorradmarkt in dieser Zeit europaweit ein, weil überall preiswerte Automobile angeboten wurden – nur nicht bei BMW, wo ab 1952 lediglich die schwere Limousine 501 im Programm war. Erst ab 1955 wurde von Iso Rivolta eine Lizenz zum Bau eines zweisitzigen und eintürigen Kleinst-Autos gekauft und dies mit einem abgewandelten Einzylinder-Motorradmotor ausgerüstet. Die Isetta konnte das Überleben von BMW jedoch nur hinauszögern. Trotz großer Stückzahlen war die Rentabilität nicht zufriedenstellend, und Ende 1959 drohte der Bankrott. Am 9. Dezember konnten die Brüder Herbert und Harald Quand das Unternehmen in letzter Minute vor einer Übernahme durch die Daimler-Benz AG retten. Bald sollten neue Automobile neuen Optimismus und Erfolge bringen.

Dass das Motorrad trotz düsterer Aussichten bei BMW ein wichtiges Standbein bleiben sollte, war Leuten wie Helmut Werner Bönsch zu verdanken, der Leiter der Produktplanung und des Marketings geworden war. Die im Herbst 1960 vorgestellte R 69 S sollte bis 1969 Topmodell der Marke BMW bleiben, doch bereits 1965 verbreiteten sich Gerüchte über eine völlig neue Motorrad-Generation von BMW.

Wiederaufbau 1948 wurde von Kurt Donath (rechts) im Werk Milbertshofen die erste Nachkriegs-BMW vorgestellt. Die R 24 leitete die Rückkehr der Marke BMW ein.

Motorroller In den 1950er-Jahren entstanden bei BMW mehrere Roller-Prototypen. Der 1950 gebaute R 10 wies mit 16-Zoll-Rädern, »Mittelmotor« und Kardanantrieb Ähnlichkeiten mit Motorrädern auf. Später entstanden weitere Ausführungen mit kleinen Rädern.

Renngespann
In den 1950er-Jahren konzentrierten sich die sportlichen Erfolge auf Gespannrennen. Hier überfliegen Helmut Fath und sein Beifahrer die Ballaugh Bridge auf der Isle of Man, um die Tourist Trophy und die Weltmeisterschaft 1960 zu gewinnen.

Isetta Das von Iso Rivolta in Norditalien entwickelte eigenwillige Gefährt wurde 1952 für BMW zum Rettungsanker – bis 1962 wurden 161.728 Isettas gebaut.

507 Prestigemodelle wie der von Albrecht Graf von Goetz entworfene Roadster 507 (hier mit Hardtop) oder auch der 503 hatten BMW 1959 fast in den Ruin getrieben. Von beiden Modellen wurden lediglich 666 Exemplare gebaut.

R 24

| 1949 |

Neue Monotonie

Die Existenz von BMW stand 30 Jahre nach dem Ersten Weltkrieg wieder einmal auf der Kippe. Die Bombenangriffe der Alliierten hatten die BMW-Werke weitgehend zerstört. Was noch stand, entkam nur knapp der von Hitler am 19. März 1945 erlassenen Politik der verbrannten Erde. Nach Kriegsende forderten die Alliierten die Demontage aller Fabriken, in denen für das Militär produziert wurde. Kurt Donath, der seit 1942 Direktor des Werkes Milbertshofen war, konnte jedoch einen Teil der Anlagen durch die Herstellung ziviler Objekte retten. Bereits 1946 vertraute er dem Ingenieur Alfred Böning die Konstruktion eines neuen Motorrads an. Dieser entwickelte zunächst den Prototyp eines Kleinmotorrads mit einem 120-cm³-Zweitakt-Boxermotor. Die zunächst von den Siegermächten auferlegte Hubraumbegrenzung für Motorräder auf 60 cm³ wurde bereits 1947 auf 250 cm³ gelockert, sodass Donath und Böning beschlossen, das Vorkriegsmodell R 23 mit nur wenigen Modifikationen wieder aufzulegen. Leider lag das einstige Eisenacher Motorradwerk jetzt in der sowjetischen Besatzungszone. Mangels Konstruktionszeichnungen mussten ein paar R 23 gekauft, zerlegt und präzise vermessen werden. Im März 1948 konnte BMW auf dem Genfer Salon sein neues Modell R 24 vorstellen, das sich vor allem durch einen neuen Zylinderkopf und ein Vierganggetriebe vom Vorgänger unterschied. Das Ausstellungsstück musste aufgrund der Materialknappheit noch mit einigen aus Holz gefertigten Teilen auskommen, doch das Interesse war groß. Im Mai 1949 rollte bereits die 1.000. R 24 aus dem Münchener BMW-Werk. Das neue Motorrad bot alle Qualitäten und die Zuverlässigkeit, die man vom BMW kannte, und innerhalb eines Jahres wurden 12.020 Exemplare davon gebaut. Ab September 1950 wurde die R 24 von der R 25 abgelöst, die über eine Geradeweg-Hinterradfederung verfügte und in 23.400 Einheiten vom Band rollte. Ab 1951 kam die kaum modifizierte R 25/2, von der in drei Jahren 38.651 Fahrzeuge entstanden. Die ab 1953 mit hydraulischer Telegabel ausgelieferte R 25/3 wurde bis 1956 sogar in 47.000 Exemplaren ausgeliefert.

Neue Köpfe
Die R 24 trug einen von der R 75 abgeleiteten Zylinderkopf mit engerem Ventilwinkel. Zusammen mit einer gegenüber der R 23 leicht erhöhten Verdichtung konnte die Leistung von 10 auf 12 PS gesteigert werden.

R 24 (1948) Einzylinder-Viertaktmotor, fahrtwindgekühlt, untenliegende Nockenwelle, Stößelstangen, Kipphebel, hängende Ventile (OHV), Hubraum: 247 cm³, Bohrung x Hub: 68 x 68 mm, Leistung: 12 PS bei 5.600/min, 1 Bing-Vergaser (22 mm), Einscheiben-Trockenkupplung, 4-Ganggetriebe, Endantrieb über Kardan, Doppelschleifen-Stahlrohrrahmen, Federung vorn: ungedämpfte Telegabel, hinten: starr; Bremsen: vorn/hinten Halbnaben-Trommelbremse 160 mm, Räder: 19/19 Zoll; Leergewicht: 130 kg.

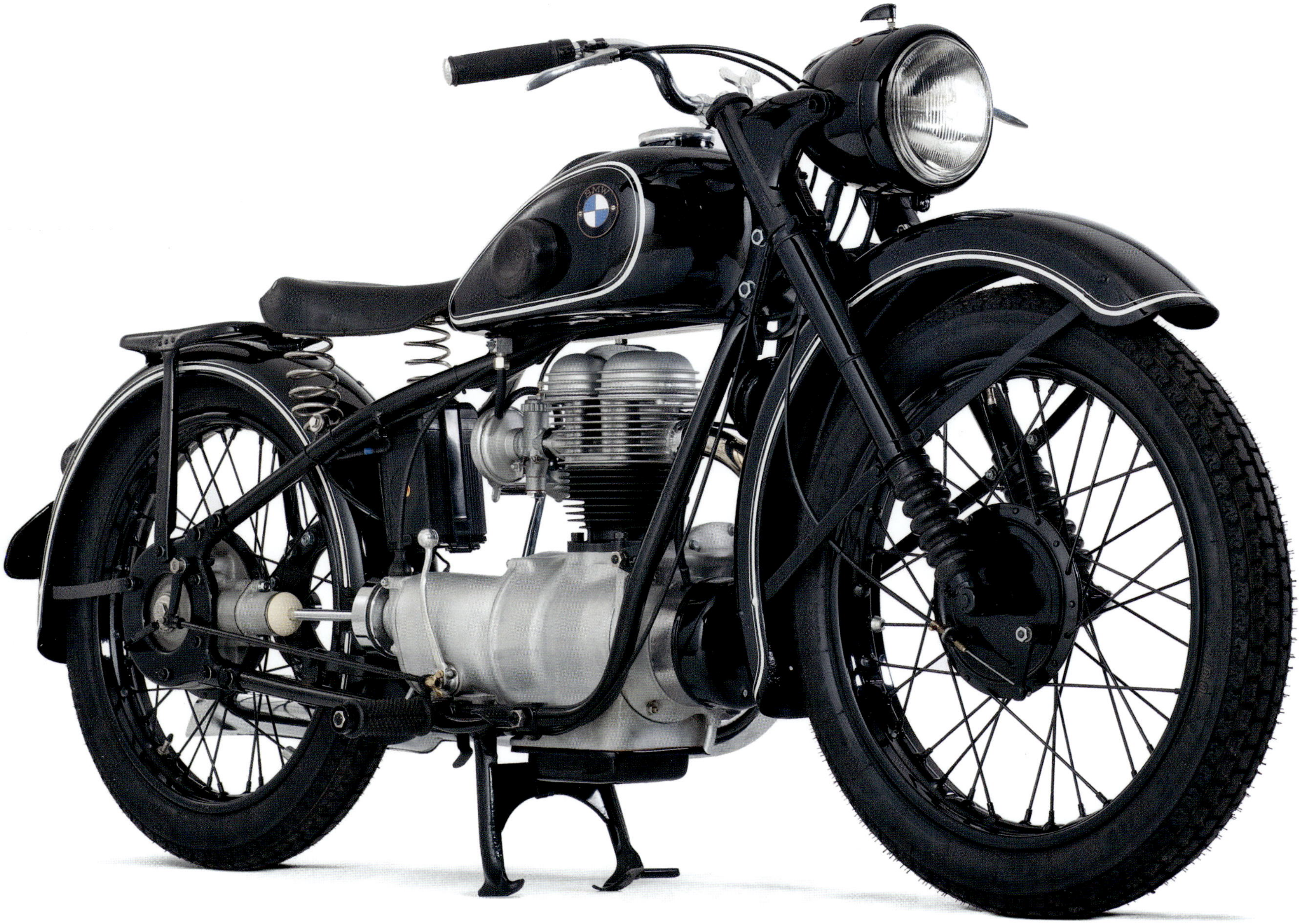

R 24

»Die R 24 basierte weitgehend auf der von 1938 bis 1940 gebauten R 23.«

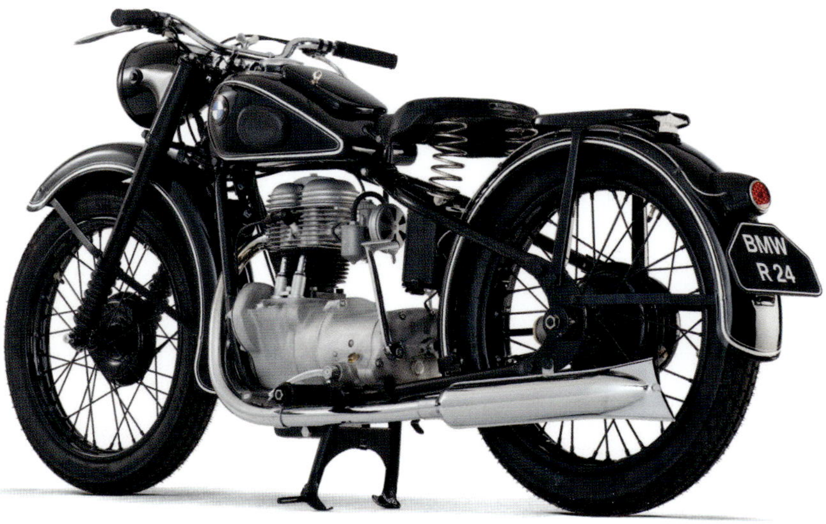

R 51/3

| 1951 |

Neue Technik

Die Produktion von BMW-Boxermaschinen endete 1944 mit den letzten R 75. Bereits 1938 hatte man die Starrrahmen-Modelle R 5 und R 6 auf Geradeweg-Hinterradfederung umgestellt und sie R 51 und R 61 getauft. Die ebenfalls 1938 vorgestellte sportliche R 66 war eine Neuentwicklung gewesen, bei der die hängenden Ventile wieder nur von einer zentralen Nockenwelle angetrieben wurden, zeitgleich war die R 71 mit SV-Motor erschienen. 1941 wurde der Bau ziviler Motorräder eingestellt. Auch aufgrund der Hubraumbegrenzung wurde 1948 mit der R 24 zunächst klein angefangen, doch als die Begrenzung 1950 aufgehoben worden war, stand bereits die R 51/2 bereit, die sich von der Vorkriegs-R 51 lediglich durch die von der R 24 abgeleiteten Zylinderköpfe unterschied. Nachdem die Münchener BMW-Werke wieder hergerichtet worden waren, begann eine Belegschaft von 8.000 Menschen mit dem Bau von Motorrädern und Automobilen. Im Februar 1951 wurden auf der Amsterdamer Motorshow die R 51/3 (500 cm³) und ihre große Schwester R 67 (600 cm³) präsentiert. Das Fahrgestell mit Telegabel und Geradewegfederung war nicht verändert worden, doch der Motor mit wieder nur einer zentralen Nockenwelle war komplett neu konstruiert worden – er sollte bis Ende der 1960er-Jahre kaum verändert werden. Das Triebwerk war von Chefingenieur Alfred Böning und seinem Assistenten Eberhard Wolff entwickelt worden. Neben seiner trotz geringerem Aufwand unveränderten Leistung überzeugte der 500er-Motor vor allem mit seiner hohen Fertigungsqualität und Zuverlässigkeit, die zur Legende von BMW beitrug und von Polizeistaffeln vieler Länder geschätzt wurde (die französische Gendarmerie konnte die Maschinen sehr günstig erwerben, da sie mit Reparationszahlungen verrechnet wurden). Nachbauten der R 51/3 gab es sogar in Japan, wo sie unter den Markennamen BIM und DSK produziert wurden. Die jetzt wieder zentral gelegene Nockenwelle wurde nicht mehr per Kette, sondern durch Stirnräder angetrieben, sodass die R 51/3 die erste BMW war, die über keinerlei Ketten verfügte. Die Lichtmaschine saß jetzt nicht mehr über, sondern vor der Kurbelwelle. Auf der Nockenwelle war der Noris-Magnetzünder montiert. Am Ende der Kurbelwelle befanden sich wie üblich ein schweres Schwungrad und eine Einscheiben-Trockenkupplung. Das neue Motorgehäuse war als Tunnelgehäuse ausgeführt und kam ohne äußere Versteifungsrippen aus. Die Kolben erhielten neue Ringe, und auch die Zylinder und Zylinderköpfe (mit größeren Ventilen) waren neu. Die Motoren zeichneten sich durch eine zu jener Zeit überragende Laufruhe aus.

Stammbaum
Die R 51 von 1938 war die Fortsetzung der R 5 mit Geradeweg-Hinterradfederung gewesen. Die erste Nachkriegs-500er war 1950 die kaum veränderte R 51/2. Bereits 1951 erschien die R 51/3 mit einem neu konstruierten Motor.

R 51/3

»Dieser neue Motor setzte den BMW-Standard für fast 20 Jahre.«

Bei der ersten Baureihe der R 51/3 waren abgesehen vom Motor viele Teile von der R 51/2 übernommen worden, deren Fahrwerk immerhin von 1938 stammte. Ab 1952 erhielten die R 51/3 und die R 67 vorn neue Duplexbremsen und einen neuen Luftfilter; ab 1953 wurde auf Vollnabenbremsen umgestellt. Bereits in den ersten Tests wurden die Agilität und die Laufruhe des Motors lobend erwähnt. Auch seine Nachfolger wiesen eine unglaubliche Zuverlässigkeit auf, und die R 51/3 gehörte definitiv zu denjenigen BMWs, die den Ruf der Marke mit aufbauten. Eine Schwachstelle entdeckten die Tester jedoch auch: die mangelhafte Bremswirkung. BMW musste hier zweimal nachbessern. Problematisch wurden die Bremsen vor allem bei den in den 1950er-Jahren äußerst beliebten Gespannen. Dem Geschmack der Fünfziger entsprechend hatte BMW seine Motorräder auch mit den beliebten Fischschwanz-Auspuffanlagen ausgerüstet. Erst 1954 wurden zigarrenförmige Schalldämpfer angeboten. Insgesamt hätte die Nachkriegszeit für BMW-Motorräder kaum besser beginnen können. In vier Jahren wurden mehr als 18.000 Exemplare gebaut – seinerzeit trotz gewagter Preise eine hohe Stückzahl. Sammler schwärmen noch heute von ihrer Zuverlässigkeit, ihrer hochwertigen Verarbeitung und ihrer Finesse.

R 51/3

»Der berühmte ›Schorsch‹ Meier setzte im Gelände auf R 51/3.«

R 51/3 (1951) Zweizylinder-Viertakt-Boxermotor, fahrtwindgekühlt, per Stirnräder angetriebene zentrale Nockenwelle, Stößelstangen, Kipphebel, hängende Ventile (OHV), Hubraum: 494 cm³, Bohrung x Hub: 68 x 68 mm, Leistung: 24 PS bei 5.800/min, max. Drehmoment: 34 Nm bei 3.500/min, 2 Bing-Vergaser (22 mm), Einscheiben-Trockenkupplung, 4-Ganggetriebe, Endantrieb über Kardan, Doppelschleifen-Stahlrohrrahmen, Federung vorn: Hydraulische Teleskopgabel (160 mm Federweg), hinten: Geradewegfederung (ungedämpft) (60 mm Federweg); Bremsen: vorn und hinten Halbnaben-Trommelbremse 200 mm, vorn ab 1952: Duplexbremse, ab 1953: Vollnabenbremse; Räder: 19/19 Zoll; Leergewicht: 190 kg.

RS 54

| 1954 |

Rennstrecken-Bestie

Nach dem Zweiten Weltkrieg durften zwar weder BMW noch andere deutsche Motorradmarken an internationalen Wettbewerben teilnehmen, doch die bis 1950 geltende Beschränkung hinderte die Werke nicht an der Entwicklung von Rennmaschinen. Seit Kriegsende hatten einige Privatfahrer ihre Maschinen gut vorbereitet, was auch den Werken nicht verborgen blieb. 1950 bereiteten die Ingenieure neue Motoren vor, um gegen die übermächtige Konkurrenz aus Großbritannien und Italien antreten zu können. Das erste Motorrad von 1950 basierte auf der alten Kompressormaschine, doch weil jegliche Aufladung inzwischen verboten war, wurde es mit zwei Vergasern ausgerüstet. Im folgenden Jahr erschien die Werksrennmaschine (Typ 253) mit einem neuen DOHC-Motor und Königswellen. Dieses Triebwerk wurde mehrmals überarbeitet und wurde 1953 mit einem neuen Motorgehäuse, hartverchromten Leichtmetallzylindern und per Natrium gekühlten Auslassventilen ausgerüstet, sodass die jetzt mit Vergasern oder Einspritzung ausgerüstete Maschine die Typenbezeichnung 253c erhielt. Der Motor wurde in drei verschiedene Rahmen eingebaut, die vorn mit Teleskopgabel oder Earles-Gabel ausgerüstet werden konnten. Da ab Werk nur sehr wenige Maschinen entstanden, mussten Privatfahrer sich zumeist mit frisierten R 51/2 begnügen. Dann erschien 1954 die RS 54, von der auch einige Exemplare an privilegierte Privatfahrer verkauft wurden. Die gegenüber der 253c deutlich weiterentwickelte *Rennsport* war von Werksfahrer Hans Meier im Winter 1953 mit einer Earles-Gabel ausgerüstet worden. Die RS war für Privatfahrer wie ein (sehr teures) Geschenk des Himmels. Es gab sie als Langhuber (Bohrung x Hub: 66 x 72 mm) für Privatfahrer und als Kurzhuber (70 x 64 mm) für Werksfahrer, die Leistung variierte von 45 PS bei 8.500/min bis 60 PS bei 9.500/min (mit Einspritzung, hochverdichtetem Motor und Spezialbenzin). Lediglich 24 Exemplare der RS 54 wurden letztendlich an Privatfahrer verkauft, die meisten Maschinen wurden bei Gespannrennen eingesetzt.

Privat- und Werksfahrer
Die Zuverlässigkeit und Leistungsfähigkeit im Rennsport machte die RS 54 interessant für Solisten und Gespannfahrer. Hier zeigt Werksfahrer Walter Zeller, Deutscher Meister 1951, 1954 und 1955 bei einem Rennen im Jahr 1954 Siegeswillen.

RS 54 (1954 – Kunden-Version) Zweizylinder-Viertakt-Boxermotor, fahrtwindgekühlt, je zwei per Königswellen angetriebene obenliegende Nockenwellen, Kipphebel, hängende Ventile (DOHC), Hubraum: 498 cm^3, Bohrung x Hub: 66 x 72 mm, Leistung: 45 PS bei 8.000/min, Maximales Drehmoment: 44 Nm bei 5.000/min; 2 Amal-Vergaser (30 mm), Einscheiben-Trockenkupplung, 4-Ganggetriebe; Endantrieb über Kardan, Doppelschleifen-Stahlrohrrahmen, Federung vorn: Teleskopgabel oder Earles-Gabel; hinten: Schwinge; Bremsen vorn und hinten: Vollnaben-Trommelbremse 200 mm, Räder: 19/19 Zoll; Leergewicht: 130 kg.

RS 54

»Die RS 54 ist eine mythische Rennmaschine.«

»Wilhelm Noll und Fritz Cron waren 1954 die ersten Weltmeister auf BMW.«

Akrobaten
Fritz Cron hängt sich 1953 weit aus dem Beiwagen, während Wilhelm Noll sein Gewicht auf dem Typ 253 c weit nach rechts verlagert. Am Ende der Saison werden sie den sechsten Platz belegen.

Weltmeister

1954

Deutschland durfte nach der Niederlage in den verbliebenen 1940er-Jahren nicht an internationalen Wettbewerben teilnehmen. Erst 1951 durften Motorräder bei der (erst zwei Jahre zuvor ins Leben gerufenen) Weltmeisterschaft an den Start. Weil Kompressoren inzwischen verboten waren, konnte BMW weder hierfür noch für die Deutsche Meisterschaft konkurrenzfähiges Material anbieten. BMW-Konstrukteur Leonhard Ischinger adaptierte den alten Kompressor-Motor des Typs 250/2 als Saugmotor, sodass der talentierte Walter Zeller damit 1951 die Deutsche Meisterschaft gewinnen konnte. Um aber in der Weltmeisterschaft (Solo und Gespanne) mithalten zu können, musste eine neue Maschine her. Dies war die Aufgabe von Alfred Böning, der bereits an der neuen Straßenmaschine R 51/3 gearbeitet hatte. Er entwickelte den neuen Typ 253a genannten Motor, der 50 PS leisten sollte. Die Deutsche Meisterschaft und die internationale Seitenwagen-Meisterschaft versprachen große Erfolge, und BMW setzte sein Werksteam Ludwig Kraus/Bernhard Huser ein, das von den technischen Fortschritten profitieren konnte und 1951 Deutscher Meister wurde. Ein anderes Team hatte sich 1950 durch den Sieg beim Feldberg-Rennen einen Namen gemacht: Wilhelm Noll und Fritz Cron. Die beiden erhielten 1952 ein Werksgespann und wurden 1953 mit einer neuen Maschine mit Typ 253a-Motor ausgerüstet – während Kraus und Huser bereits den Typ 253b fuhren. Noll und Cron konnten die WM mit dem sechsten Platz abschließen und wurden dadurch Werksteam Nr. 1. Im folgenden Jahr sollte der Weltmeistertitel geholt werden, doch die Konkurrenz war hart – auch durch Privatfahrer mit RS-Gespannen. Die Rennen waren spannend, und der kleinste technische Fortschritt konnte über Sieg und Niederlage entscheiden. So nutzten Noll und Cron 1954 auf dem schnellen Kurs von Monza erstmals ein vollständig verkleidetes Gespann, das eine höhere Endgeschwindigkeit und den Sieg brachte, sodass sie die Übermacht von Norton beendeten und für BMW den ersten WM-Titel gewannen. Zwei Jahre später wurden die beiden (nach Willi Faust und Karl Remmert – ebenfalls auf BMW) erneut Gespann-Weltmeister. Zwischendurch hatten sie im Oktober 1955 auf der Autobahn zwischen München und Ingolstadt einen neuen Geschwindigkeitsrekord von 280,155 km/h aufgestellt. BMW sollte bis 1974 mit zwei Ausnahmen sämtliche Gespann-Weltmeistertitel gewinnen.

R 69 S

| 1960 |

Die Vollendete

In den 1960er-Jahren hieß es in einem subversiven Werbespot: »Willst du einen Tag lang glücklich sein? Dann trinke! Willst du ein Jahr lang glücklich sein? Dann heirate! Willst du ein Leben lang glücklich sein? Dann fahr BMW!« In München hatte man sich entschlossen, das seit 20 Jahren geltende Image eines Herstellers zwar robuster, aber auch langweiliger Motorräder abzuschütteln. Zur Erfüllung dieses Wunschs wurde 1960 ein Sportmotorrad namens R 69 S aufgelegt, das von der R 50 S begleitet werden sollte. Motorräder mit Hubräumen von 500 oder 600 cm^3 waren damals das, was im 21. Jahrhundert 1000er oder 1200er-Maschinen sind.

Die R 69 S war von der seit 1955 gebauten, aber nicht sonderlich gut verkauften R 69 abgeleitet. Sportliche Erfolge hatten weiterhin die Fähigkeiten von BMW-Maschinen bewiesen: Walter Zeller war 1956 Vizeweltmeister der Königsklasse geworden, in Montlhéry war 1959 ein neuer 24-Stunden-Weltrekord aufgestellt worden, und in den USA war John Penton 1958 mit einer R 69 in 52 Stunden und 11 Minuten von New York nach Los Angeles gerast – 24 Stunden schneller als irgendjemand zuvor! Der amerikanische Markt war damals der wichtigste und wachstumsstärkste der Welt, und Penton wurde durch den BMW-Importeuer Butler & Smith unterstützt. Dennoch galten BMWs im Vergleich zu den ungestümen und eleganten britischen Maschinen als zu brav.

Die Technik der R 69 S unterschied sich durch höhere Verdichtung, neue Nockenprofile, größere Einlassventile, größere Vergaser und einen größeren Luftfilter von der Standard-R 69. Außerdem wurde die von der Kurbelwelle gesteuerte Motorentlüftung verbessert. Mit ihren 42 PS (gegenüber 30 PSder R 69) erreichte sie 175 km/h Höchstgeschwindigkeit. Die ersten Modelle erlitten gelegentlich Kurbelwellenbruch, sodass ab 1963 ein Schwingungsdämpfer vorn auf die Welle gesetzt wurde und das Problem beseitigte. Auch das Fahrwerk basierte auf der R 69. Die Earles-Vorderradschwinge bot war guten Komfort und hohe Steifigkeit, wirkte aber gegenüber modernen Telegabeln englischer oder italienischer Maschinen schwer und behäbig. Der für hohes Tempo montierte Lenkungsdämpfer verschlechterte zudem das Handling in langsamen Kurven.

Daher wurden die in die USA exportierten Modelle ab Mitte der 1960er-Jahre ebenfalls mit Telegabeln ausgerüstet. Im Heckbereich erinnerte der heruntergezogene Rahmen trotz Langschwinge und Boge-Stoßdämpfer weiterhin an Starrrahmen- oder Geradeweg-Fahrwerke. Wie alle BMWs ihrer Zeit, war auch die R 69 S ab Werk gespanntauglich. Ihre

Schwarz oder weiß
Traditionell wurde die R 69 S mit schwarzer Lackierung ausgeliefert. Sie war aber auch in diesem schönen Alpina-Weiß erhältlich.

R 69 S

»Die Verarbeitungsqualität der R 69 S ist beeindruckend!«

ONT 1960
2883

überragende Verarbeitungsqualität wurde von der Presse gelobt – Vergleiche mit Automobilen von Rolls-Royce oder Mercedes waren nicht ungewöhnlich. Die R 69 S kam sowohl in besseren Stadtvierteln als auch bei Ganzjahresfahrern gut an, die drei Jahre nach dem Produktionsende des Grünen Elefanten (Zündapp KS 601) ein neues Gespann suchten. Es lag auf der Hand, dass die R 69 S bei prestigeträchtigen Rennen eingesetzt werden sollte. Bereits im Jahr ihrer Einführung gewannen René Maucherat und René Vasseur mit ihr den Bol d´Or in Montlhéry. 1961 konnte beim 24-Stunden-Rennen von Montjuïc in Spanien ein weiterer Erfolg gefeiert werden. Unerwartet gewann das von der R 69 S abgeleitete Geländesport-Modell 1961 prestigeträchtige Rennen. So siegte Sebastian Nachtmann mit einer Werks-BMW in der Deutschen Geländemeisterschaft, und 1961 holte sich das BMW-Team die Goldmedaille beim ISDT-Sechstagerennen. Die R 69 S hatte den Erfolg, den die R 69 nicht bekam – obwohl sie ein verhältnismäßig teures Motorrad war. Nachdem ihre Produktion 1969 zugunsten der neuen »Strich-fünf«-Baureihe beendet wurde, hatte BMW 11.317 Maschinen dieses Typs verkauft – von der R 69 waren es zwischen 1955 und 1960 lediglich 2.956 Exemplare gewesen. Die R 60 S war zum prestigeträchtigen Meilenstein für BMW geworden – der Marke, die Anfang der 1960er-Jahre den Bau von Motorrädern fast eingestellt hatte.

R 69 S

»Eleganz und Leistung waren bei der R 69 S zwei Hand in Hand gehende Eigenschaften.«

R 69 S (1960) Zweizylinder-Viertakt-Boxermotor, fahrtwindgekühlt, per Stirnräder angetriebene zentrale Nockenwelle, Stößelstangen, Kipphebel, hängende Ventile (OHV), Hubraum: 594 cm³, Bohrung x Hub: 72 x 73 mm, Leistung: 42 PS bei 7.000/min, max. Drehmoment: 45 Nm bei 5.000/min, 2 Bing-Vergaser (26 mm), Einscheiben-Trockenkupplung, 4-Ganggetriebe, Endantrieb über Kardan, Doppelschleifen-Stahlrohrrahmen, Federung vorn: Earles-Gabel mit hydraulischen Stoßdämpfern, hinten Schwinge mit zwei Federbeinen; Federwege vorn/hinten: 116/104 mm; Bremse vorn: Duplex-Vollnabentrommelbremse 200 mm, hinten Vollnaben-Trommelbremse 200 mm, Räder: 18/18 Zoll; Leergewicht: 202 kg.

Kapitel 4

GESCHICHTE

Erneuerung und Innovationen

1969 › 1993

Am 28. August 1969 konnte Marketingdirektor Helmut Werner Bönsch nach neunjähriger Unterbrechung der Presse eine neue Motorrad-Generation vorstellen: die Modelle R 50/5, R 60/5 und R 75/5. Dass deren Konzept bis zur R 80 GS von 1996 bestehen würde, ahnte damals noch niemand. Bönsch betonte die Wichtigkeit des Motorrads für BMW, dessen Fortbestand und die Bereitschaft, eine Tradition und Markenimage zu pflegen, das über eine rein wirtschaftliche Entscheidung hinausging, bei der die Automobilproduktion das Zweirad längst weitgehend verdrängt hatte. Während die Konstruktionsabteilung weiterhin in München-Milbertshofen verbleiben sollte, wurde die Produktion Ende der 1960er-Jahre nach Berlin-Spandau verlagert. Der Umzug und die wieder auflebende Nachfrage nach schweren Motorrädern sorgten anfangs für Lieferengpässe. 1973 konnte BMW in München seinen 50. Geburtstag als Motorradhersteller und gleichzeitig den Bau des 500.000. Motorrades feiern. Als Geschenk an sich selbst wurden die neue Zentrale, der »BMW-Vierzylinder«, und das schüsselförmige Museum eingeweiht. Im selben Jahr wurde mit der R 90 S eines der sportlichsten und aufregendsten Motorräder der Welt vorgestellt. Die »/5«-Reihe wurde durch diverse Modifikationen zur »/6«. BMW genoss immer noch ein Image der Seriosität und Zuverlässigkeit, doch der Motorradmarkt wurde von schnellen Entwicklungen der japanischen Hersteller beherrscht. Vor allem Honda hatte mit der revolutionären CB 750 Four einen echten Meilenstein gesetzt. Trotz hartnäckiger Gerüchte über das Aus des Motorradbaus stand BMW weiterhin zum Zweirad und gründete am 1. Januar 1976 die Tochtergesellschaft BMW Motorrad GmbH. Dieses Unternehmen startete ein Innovationsprogramm und sucht seitdem stets nach neuen Konzepten und fortschrittlichen Technologien.

BMW bricht Gewohnheiten

1977 entstand mit der R 100 RS das erste vollverkleidete Serienmotorrad der Welt. 1980 hatte BMW die geniale Idee, mit der R 80 G/S die erste schwere Enduro in Serie zu bauen – ein bis heute äußerst erfolgreiches Konzept, mit dem auch mehrmals die Rallye Paris–Dakar gewonnen werden konnte. Als Beleg für eigenständige Innovationen brachte BMW 60 Jahre nach der R 32 von Max Friz im Jahr 1983 die K-Reihe heraus, deren längs liegende Antriebseinheit sich wie der damalige Boxer von allen anderen Motorrädern absetzte; gebaut wurde die K 100 als Vierzylinder und die K 75 als Dreizylinder. Die K-Reihe konnte mit ihrer einzigartigen Technik eine Brücke zwischen Automobiltechnologie und Motorrad schlagen, indem hier Systeme wie die Kraftstoffeinspritzung und elektronische Motorsteuerungen übernommen wurden. Ab 1988 war zudem das erste ABS in einem Motorrad zu haben. Im selben Jahr stellte BMW in der R 100 GS erstmals die Paralever-Hinterradaufhängung vor. Kurz danach erschien die futuristisch gestaltete K 1 als serienmäßiger Technologieträger. Trotz einiger Turbulenzen hatte BMW es geschafft, Kurs zu halten.

Helmut Werner Bönsch
Er förderte nicht nur den Motorradbau bei BMW, sondern verfasste auch Standardwerke dazu.

Museum Zwar war man sich bei BMW bereits 1922 seiner Geschichte bewusst und es wurden Produkte in den Fabriken gesammelt, doch ein richtiges Museum wurde erst am 18. Mai 1973 zusammen mit dem neuen »Vierzylinder«-Verwaltungsgebäude eingeweiht – beide Gebäude waren vom Wiener Architekten Karl Schwarzer geplant worden. Eine Erweiterung des Museums wurde 2007 eingeweiht.

1983
In Lederkluft hinter der neuen K 100 posieren von links nach rechts: Stefan Pachernegg – zuständig für die Entwicklung, Hans Glas – Direktor des Motorradwerks in Berlin-Spandau, Karl Gerlinger – Verkaufsleiter, Dr. Eberhardt C. Sarfert – Direktor der BMW Motorrad GmbH.

Strich-fünf Die von Hans-Günther von der Marwitz entwickelte neue Baureihe wurde ab 1969 in Westberlin produziert. Durch ein Baukastensystem kamen drei Modelle mit Hubräumen von 500, 600 und 750 cm^3 mit der gleichen Kurbelwelle aus.

Seit 1983 arbeitete man bei BMW an einem Antiblockiersystem für Motorräder – hier ein Versuchsaufbau an einer R 90 S. Optional erhältlich war das System dann erstmals 1988 an den Vierzylinder-Modellen K 100 LT und RS.

Zukunft Die 1979 und 1980 durchgeführte Futuro-Studie symbolisiert perfekt die Forschung im Bereich der technologischen Innovation. Ein 800-cm^3-Boxer sollte mithilfe eines Turboladers die nötige Leistung bringen.

R 60/5

| 1969 |

Neue Ära

Seit Beginn der 1960er-Jahre beherrschte das Automobil das europäische Straßenbild, da es immer billiger in großen Serien gebaut werden konnte. Das Motorrad litt unter diesem Wettbewerb – das Gespann noch mehr. Motorräder von BMW waren generell gespanntauglich und wurden oft mit einem Steib-Beiwagen ausgerüstet. Doch die Firma Steib in Nürnberg stellte bereits 1965 den Bau von Beiwagen ein und stieg auf Landmaschinen um.

Natürlich profitierte auch die BMW-Automobilsparte von dieser Entwicklung und eroberte mit dem Modell 700 (mit Zweizylinder-Boxermotor) ein Publikum, das den Komfort preiswerter Autos suchte. Die Geschäftsleitung der Zweiradabteilung fürchtete um ihre Zukunft, und ihr Leiter Helmut Werner Bönsch musste viel Überzeugungsarbeit leisten, bis das Unternehmen in neue, leistungsstärkere und leichtere Modelle investierte, die amerikanische Motorradfahrer begeistern könnten. Bislang hatte sich das Motorrad nur in den USA von einem reinen Verkehrsmittel zu einer Freiheits-Maschine weiterentwickelt. Bönsch sorgte sich auch um die effiziente und billige Konkurrenz aus Japan. Die Rückkehr des ehemaligen BMW-Ingenieurs Claus von Rücker von Porsche half ihm, die etwas eingestaubte Entwicklungsabteilung wieder in Schwung zu bringen. 1964 wurde die R 69 S mit einem neuen Rahmen ausgestattet. Von Rücker hatte einen weiteren Techniker und Versuchs-Spezialisten zu BMW geholt, der viel für die Zukunft des Motorrads tun sollte: Hans-Günther von der Marwitz. Dieser probierte eines Tages eine für die Deutsche Meisterschaft vorbereitete Werks-Geländemaschine mit einem Spezialrahmen aus, in den ein Serien-Boxermotor gehängt worden war. Er war erstaunt über die hervorragende Handlichkeit. Von der Marwitz fuhr privat leistungsstarke britische Maschinen wie die AJS 7R und sagte, dass bei BMW ein Motorrad gebaut werden sollte, das genauso wendig sein musste wie eine Norton Manx. Daraus entstand schließlich die Strich-5-Reihe mit neuen Motoren des Typs 246.

Verführung

Im Herbst 1965 konnten erste Testfahrten mit neuen Komponenten unternommen werden. Die Earles-Gabel war durch eine Teleskopgabel ersetzt worden, in der ein 19-Zoll-Rad steckte. Der (stark an den »Federbett«-Rahmen der Norton Manx erinnernde) Doppelschleifenrahmen war deutlich leichter geworden, aber nicht mehr beiwagentauglich. Rasch erkannte man, dass für das Gesamtkonzept auch ein neuer Motor benötigt wurde.

Renaissance
Die R 60/5 wurde nur bis 1971 mit einem 24-Liter-Tank ausgerüstet, danach fasste der Behälter nur noch 17 Liter. Bei den Bremsen setzte BMW weiterhin auf Trommeln.

R 60/5

»Die Strich-5-Reihe modernisierte das BMW-Motorrad, ohne dabei revolutionär zu sein.«

Der alte BMW-Boxer war mit der R 69 S an die Grenzen seiner Möglichkeiten gekommen und musste mit zu hohen Drehzahlen gefahren werden, die er nicht mehr dauerhaft vertrug. Alexander von Falkenhausen begann als Leiter der Motorentechnik mit der Konstruktion einer neuen Kurbelwelle, die auf Grundlagen aus dem Automotorenbau basierte und in zwei Ebenen aus einem Stück geschmiedet wurde. Die Nockenwelle wanderte unter die Kurbelwelle, und auch die Zylinder und Köpfe wurden überarbeitet. Erstmals sollte eine BMW mit einem elektrischen Anlasser (von Bosch) ausgerüstet werden – die 500er aber nur auf Wunsch. Die Kupplung, das Vierganggetriebe und der Endantrieb ähnelten stark den Baugruppen der Vorgänger.

Die neue Baureihe, die ab jetzt in Berlin-Spandau gefertigt werden sollte, wurde im August 1969 auf der Rennstrecke von Hockenheim der Presse vorgestellt. Es sollte drei Modelle geben: die R 50/5 mit 32 PS aus 496 cm³, die R 60/5 mit 40 PS aus 599 cm³ und die R 75/5 mit 50 PS aus 745 cm³ – alle drei wogen trocken 210 kg. Trotz ihres hohen Preises – sie war 1.000 Mark teurer als die 600er – verkaufte sich die R 75/5 am besten. Ästhetisch brachte die neue Baureihe das BMW-Motorrad auf den neuesten Stand, auch wenn es nicht mit den Vierzylinder-Hondas mithalten konnte. BMW-Enthusiasten konnten mit den neuen Motorrädern und ihrem guten Fahrverhalten viel Spaß haben, ohne dabei Angst um ihre Zuverlässigkeit haben zu müssen. Nur die Bremsen zogen leichte Kritik auf sich. Bereits 1973 musste BMW das Modellprogramm mit einer vorderen Scheibenbremse (zunächst nur bei der 750er), einem Fünfganggetriebe, separaten Instrumenten und anderen Modifikationen überarbeiten und nannte die Reihe jetzt »Strich-6«.

R 60/5

»Mit ihren 600 cm³ gehörte die R 60/5 zu den größeren Motorrädern.«

R 60/5 (1969) Zweizylinder-Viertakt-Boxermotor, fahrtwindgekühlt, per Kette angetriebene zentrale Nockenwelle, Stößelstangen, Kipphebel, hängende Ventile (OHV), Hubraum: 599 cm³, Bohrung x Hub: 73,5 x 70,6 mm, Leistung: 40 PS bei 6.400/min, max. Drehmoment: 49 Nm bei 5.000/min, 2 Bing-Vergaser (26 mm), Einscheiben-Trockenkupplung, 4-Ganggetriebe, Endantrieb über Kardan, Doppelschleifen-Stahlrohrrahmen, Federung vorn: Teleskopgabel, hinten Schwinge mit zwei Federbeinen; Federwege vorn/hinten: 208/125 mm; Bremse vorn: Duplex-Vollnaben-Trommelbremse 200 mm, hinten Vollnaben-Trommelbremse 200 mm, Räder: 19/18 Zoll; Radstand: 1.385 mm; Leergewicht: 210 kg.

R 90 S

| 1973 |

Rassig

Im Jahr1973 trafen bei BMW mehrere wichtige Ereignisse aufeinander, die die Geschichte der Marke prägen sollten: Am 1. Januar wurde die Tochtergesellschaft BMW Motorrad gegründet, deren engagierte Belegschaft mit dem Automobilbau nichts mehr zu tun hatte. Im Juni wurden sowohl der 50. Geburtstag des BMW-Motorrads als auch eine halbe Million Motorräder mit dem Propeller-Logo gefeiert. Ein paar Monate später präsentierte BMW auf dem Pariser Salon die R 90 S – ein Modell, mit dem das Image der Marke für lange Zeit verändert werden sollte.

Zuvor war ein gewisser Bob Lutz gebeten worden, die Motorradabteilung neu zu organisieren und sich bezüglich des Motorradmarkts in Europa und den USA Gedanken über die Zukunft und entsprechende Veränderungen zu machen. Der aus der Schweiz stammende Lutz war in der US Army tätig gewesen und hatte lange Zeit für General Motors gearbeitet. Als er 1972 als Geschäftsführer zu BMW kam, fiel ihm die geringe Wertschätzung auf, die man bei BMW dem Motorrad entgegenbrachte. Lutz verkaufte schweren Herzens seine Hondas CB 750, weil er etwas für die Modelle seines neuen Arbeitgebers tun wollte. Es gelang ihm, den Vorstandsvorsitzenden Eberhard von Kuenheim davon zu überzeugen, die Kapazitäten der Zweiradabteilung zu erweitern und Geld in attraktive neue Motorräder zu investieren. Vor allem organisierte er die Hierarchie der Abteilung so, dass er alle Zügel in der Hand behielt.

»Was darf's sein?«

Das für die von Lutz gewünschten Modelle bereitgestellte Budget war nicht gerade riesig. Zudem musste er mit dem Widerstand des Strich-5-Konstrukteuers Hans-Günther von der Marwitz rechnen. Lutz war davon überzeugt, dass es ohne mehr Hubraum und mehr Leistung nicht ginge, von der Marwitz interessierte sich eher für eine sportlichere R 75/5 S. Schließlich wurde auf deren Basis ein neuer Motor entwickelt, der durch größere Zylinder auf 900 cm³ gebracht worden war. Und so wurde neben der neuen Strich-6-Reihe (jetzt

Topmodell
Obwohl teurer als japanische Superbikes, war die R 90 S von Beginn an ein großer Verkaufserfolg.

R 90 S (1973) Zweizylinder-Viertakt-Boxermotor, luftgekühlt, per Kette angetriebene zentrale Nockenwelle, Stößelstangen, Kipphebel, hängende Ventile (OHV), Hubraum: 898 cm³, Bohrung x Hub: 90 x 70,6 mm, Leistung: 67 PS bei 7.000/min, max. Drehmoment: 76 Nm bei 5.500/min, 2 Dell'Orto-Vergaser (38 mm), Einscheiben-Trockenkupplung, 5-Ganggetriebe, Kardanantrieb, Doppelschleifen-Stahlrohrrahmen, Federung vorn: Teleskopgabel, hinten Schwinge mit zwei Federbeinen; Federwege vorn/hinten: 208/125 mm; Bremse vorn: Doppel-Scheiben 260 mm, hinten Trommelbremse 200 mm, Räder: 19/18 Zoll; Radstand: 1.465 mm; Leergewicht: 215 kg.

R 90 S

»Die sportliche Eleganz der R 90 S verzauberte sofort.«

R 90 S

»Die Lackierung der R 90 S gehört zu den berühmtesten in der Motorradgeschichte.«

als R 60/6, R 75/6 und R 90/6) das Flaggschiff R 90 S ins Programm gehoben.
Um standfest zu bleiben, musste das Motorgehäuse verstärkt werden. Das Getriebe erhielt einen fünften Gang, und verzögert wurde vorn jetzt mit Scheibenbremsen. Lutz war sich auch der Bedeutung des Stils bewusst und zog den Designer Hans A. Muth hinzu. Später sagte Lutz in einem Interview: »Als ich ihn das erste Mal traf und ihm von der R 90 S erzählte, stellte er mir die irritierende Frage: ›Was wollen Sie wirklich?‹ Ich antwortete, dass wir ein Motorrad wollten, das für BMW eine neue Ära ankündigen sollte. Muth fertigte in 18 Monaten drei Studien an, von denen die letzte mit der »Silberrauch«-Lackierung der späteren R 90 S sehr nahe kam.
Parallel zur R 90 S gab es die R 90/6, die sich durch kleinere Vergaser (von Bing), geringere Verdichtung (somit nur 60 PS) und eine Einzel-Bremsscheibe im Vorderrad von dieser unterschied. Die R 90 S war die erste Serien-BMW, die eine Höchstgeschwindigkeit von 200 km/h erreichte – und so locker mit den schweren Maschinen aus Italien und Japan mithalten konnte.

Schnell und schön
Die erst ab 1975 in »Daytona-Orange« erhältliche R 90 S besaß keine Stummellenker – eine BMW musste stets auch etwas Komfort aufweisen.

»1976 konnte BMW in Daytona mit der R 90 S einen Doppelsieg einfahren und US-Meister werden.«

Tandem
Reg Pridmore vor seinem Teamkollegen Steve McLaughlin. Mit ihren gut vorbereiteten R 90 S konnten die beiden in der ersten AMA-Superbike-Saison der USA einen Doppelsieg einfahren.

Die R 90 S beherrscht die USA!

| 1976 |

Die Vereinigten Staaten waren in den 1960er- und 1970er-Jahren der wichtigste Motorradmarkt der Welt. Ein Sieg bei den 200 Meilen von Daytona bedeutete riesige Werbung, erforderte aber auch mehr Einsatz als der Gewinn eines der berühmten amerikanischen Langstreckenrennen. »Win on Sunday, sell on Monday« hieß es damals in den Marketingabteilungen, doch dieses Ziel musste erst einmal erreicht werden. Die Ankunft der R 90 S weckte für den BMW-Importeur Butler & Smith neue Hoffnungen. Man hatte schon einige Jahre vom ehemaligen NASA-Ingenieur Udo Gietl präparierte R 75/5 bei der US-Meisterschaft eingesetzt und den britischen Fahrer Reg Pridmore verpflichtet, der auch einige ermutigende Erfolge errang. Doch die ab 1970 antretende Honda CB 750 zeigte, dass BMW in Daytona keine Chance hatte.

1976 schuf die AMA eine neue Superbike-Kategorie, die perfekt zur R 90 S passte – kein Zufall, denn Udo Gietl war auch an den Regularien der AMA beteiligt. Gleichzeitig beteiligte er sich an der Entwicklung eines Rennmotors für die R 90 S. Spezial-Nockenwellen, Kolben mit nur zwei Ringen, Titan-Pleuel und angepasste Auspuffanlagen waren legal, da die Vorgaben nur seriennahe Konstruktionen verlangten, aber nicht auf technische Details eingingen. Das Butler-&-Smith-Team setzte drei Fahrer ein – neben Pridmore waren Steve McLaughlin und Gary Fisher verpflichtet worden. Von Beginn an dominierten zwei der drei R 90 S das Feld in Daytona. Pridmore und McLaughlin beendeten das Rennen mit einem überragenden Doppelsieg, bei dem McLaughlin nur eine halbe Radlänge hinter Pridmore die Ziellinie überquerte. Am Ende der Saison gewann Reg Pridmore mit der BMW R 90 S die erste AMA-Superbike-Meisterschaft – und frischte das altbackene Image von BMW deutlich auf. Bemerkenswert waren auch die guten Leistungen der BMW bei Langstreckenrennen und einem dritten Platz beim Bol d'Or 1973. Im folgenden Jahr lagen Hubert Rigal und Jacques Luc mit ihrer R 90 S bis zur 21. Stunde in Führung, als ihr Motor ausfiel – auch diese Leistung blieb nicht unbemerkt.

R 100 RS

| 1976 |

Aerodynamik

Ende der 1970er-Jahre wurden damit begonnen, Motorräder nach und nach zu spezialisieren. Reisemaschinen wie die Honda Gold Wing wurden beständig komfortabler, doch BMW war bei Langstreckenfahrern immer noch die beliebteste Marke. Nach der Gestaltung der R 90 S wurde Hans A. Muth gebeten, eine Tourenmaschine zu entwickeln, die diesen Namen verdiente und den Kundenwünschen entsprach. Verkleidungen gab es bis in die 1970er-Jahre nur von Zubehör-Anbietern wie Avon in England oder Gläser in Deutschland. Muth beschloss, das erste Motorrad der Welt mit Vollverkleidung zu konzipieren. Drei Jahre vor der ersten verkleideten Gold Wing entstand so 1977 die BMW R 100 RS – die beiden Buchstaben standen jetzt für Reise und Sport.

Ein paar PS mehr

Die 1976 auf der IFMA in Köln präsentierte Maschine war die Krönung der »Strich-7«-Generation, die es mit Hubräumen von 600 bis 980 cm³ gab und die neben eckigen Ventildeckeln auch verbesserte Bremsen und einen verstärkten Rahmen aufwies. Muth hatte sich große Mühe gemacht, die Aerodynamik zu optimieren. Die aus GFK angefertigte Verkleidung war an der Hochschule für Technik in Stuttgart entwickelt und im Windkanal von Pininfarina perfektioniert worden. Erstmals wurde bei der Gestaltung ein CAD-Programm verwendet. Natürlich sollte die Verkleidung vor allem den Fahrer schützen, aber sie hatte auch die Funktion, das Motorrad bei hoher Geschwindigkeit zu stabilisieren. Das aus sieben Teilen bestehende Gebilde wog lediglich 9,5 kg und dichtete mit Gummimanschetten sogar die Gabel vollständig ab. Der Scheinwerfer saß hinter einer Glasscheibe, die mit fünf orangefarbenen Linien versehen war – diese waren jedoch nicht, wie auch von Journalisten vermutet, von Auto-Heckscheiben bekannte Heizdrähte, sondern lediglich aus ästhetischen Gründen angebracht worden. Muth hatte großen Wert darauf gelegt, die Karosserieelemente fließend zu gestalten. Später erklärte er: »Die auf dem Markt erhältlichen Zubehör-Verkleidungen waren stets hässlich und massiv und passten nie zur Linie der Motorräder, an die sie montiert waren.«

Bei weiterhin 70,6 mm Hub hatte man die Zylinder der R 100-Modelle inzwischen auf 94 mm aufgebohrt, um 980 cm³ Hubraum zu erhalten. Auch die Ventile waren größer geworden und die Pleuel wurden verstärkt. Mit 40er-Bing-Vergasern und dickeren Krümmerrohren entwickelte die R 100 RS 70 PS bei 7.250/min – 3 PS mehr als die R 90 S. Bis 1984 wurden über 33.000 RS

Sitzbänke
Die R 100 RS konnte mit einer profilierten eineinhalbsitzigen Höckersitzbank (oben) oder mit einer Zweipersonen-Sitzbank (unten) bestellt werden.

R 100 RS

»Mit der RS hat BMW das vollverkleidete Motorrad erfunden.«

verkauft, hinzu kamen 18.000 RT-Modelle mit höherer und breiterer Verkleidung. Beide Varianten wurden Ende 1984 aus dem Programm genommen, aufgrund hoher Nachfrage jedoch ab 1986 wieder aufgelegt – jetzt leisteten die Motoren aufgrund schärferer Lärm- und Abgasvorschriften nur noch 60 PS, liefen dank niedriger Verdichtung aber auch ruhiger, was ihrem Ruf als komfortable Reisemaschinen entgegenkam; die ursprüngliche Höchstgeschwindigkeit von 185 km/h war für die meisten RS- und RT-Fahrer wahrscheinlich eher zweitrangig. Wichtig war dagegen eher der Tankinhalt. Wie bei der R 90 S konnten auch bei der R 100 RS insgesamt 24 Liter gebunkert werden – die bei zügiger Fahrweise allerdings oft schon nach 250 km verbraucht waren. Die Instrumentierung war umfangreich, neben Geschwindigkeit und Drehzahl konnten auch die Batteriespannung, der Tankinhalt und die Uhrzeit abgelesen werden. Die R 100 RS konnte mit einer eineinhalbsitzigen Höckersitzbank oder mit einer Zweipersonen-Sitzbank bestellt werden. Die Federelemente boten reichlich Komfort, ohne das Handling zu beeinträchtigen. RT-Modelle wurden ab 1981 mit Nivomat-Federbeinen angeboten, die sich selbstständig an die Beladung anpassten. Neben Fernreisenden nutzten auch Polizeibehörden vieler Länder die Motorräder.

R 100 RS

»Die im Windkanal erprobte Verkleidung der RS bot einen noch nie dagewesenen Schutz für die Besatzung.«

Neuauflage
Die R 100 RS wurde zunächst von 1976 bis 1984 gebaut. Mit Monolever-Einarmschwinge und auf 60 PS verringerter Leistung gab es sie noch einmal von 1986 bis 1992 – die RT-Variante wurde sogar bis 1996 gebaut.

R 100 RS (1976) Zweizylinder-Viertakt-Boxermotor, fahrtwindgekühlt, per Kette angetriebene zentrale Nockenwelle, Stößelstangen, Kipphebel, hängende Ventile (OHV), Hubraum: 980 cm³, Bohrung x Hub: 94 x 70,6 mm, Leistung: 70 PS bei 7.250/min, max. Drehmoment: 76 Nm bei 5.500/min, 2 Bing-Gleichdruckvergaser (40 mm), Einscheiben-Trockenkupplung, 5-Ganggetriebe, Endantrieb über Kardan, Doppelschleifen-Stahlrohrrahmen, Federung vorn: Teleskopgabel, hinten Schwinge mit zwei Federbeinen; Federwege vorn/hinten: 208/125 mm; Bremse vorn: Doppel-Scheibenbremse 260 mm, hinten Scheibenbremse 260 mm, Räder: 19/18 Zoll; Radstand: 1.465 mm; Leergewicht: 230 kg.

R 80 G/S

| 1980 |

Die Legende

Die 1970er-Jahre waren für BMW keine ganz einfache Zeit, denn die Konkurrenz aus Japan kämpfte an allen Fronten und schoss aus allen Rohren. Die R 90 S hatte das Image bei sportlichen Fahrern gefestigt, und die RS- und RT-Modelle machten Reisende glücklich, doch inzwischen war in den USA das neue Segment Straßen-Enduro entstanden, das ab 1975 von der Yamaha XT 500 bedient wurde. BMW hatte in dieser Nische zunächst nichts anzubieten, obwohl sich in München viele Techniker mit der Materie beschäftigten. Herbert Schek war einer von ihnen, der mit einer modifizierten R 75/5 in den Jahren 1970 und 1971 sogar Deutscher Enduromeister werden konnte. 1975 stellte der für Fahrwerke verantwortliche Ingenieur Rüdiger Gutsche einen Enduro-Prototyp vor, mit dem einige Erfolge eingefahren werden konnten. Weil 1976 eine neue Kategorie für Motorräder mit über 750 cm³ Hubraum geschaffen wurde, kamen weitere Offroad-Enthusiasten hinzu. Man musste nur eine Möglichkeit finden, den Boxermotor in ein geeignetes Fahrwerk zu bekommen ...

Der damalige Technische Direktor Hans-Günther von der Marwitz hatte gute Kontakte zum italienischen Hersteller Laverda. »Wir hatten lange Zeit gute Beziehungen zur Motorradsparte von BMW«, sagte Piero Laverda später. »Mein Bruder Massimo fuhr in den 60er-Jahren eine BMW und war ein guter Freund des Technischen Leiters bei BMW. Wir haben uns häufig mit BMW-Ingenieuren ausgetauscht, um andere Meinungen einzuholen. Unsere Motorräder konkurrierten nicht miteinander, und daher war es für beide Marken eine ausgezeichnete Möglichkeit, sich konstruktive Kritik von der anderen Seite anzuhören. Mitte der 70er-Jahre konnten wir gute Ergebnisse bei der italienischen Enduromeisterschaft erzielen und hatten auch bei mehreren ISDT-Ausgaben Erfolg. Gleichzeitig überlegte man bei BMW, ein geländegängiges Motorrad zu entwickeln, das bei europäischen Großveranstaltungen eingesetzt werden sollte. Also kontaktierten sie uns im Frühjahr 1977, um zwei Versuchs-Fahrgestelle mit R 60-Motoren auszurüsten. In den Jahren 1977 und 1978 inspirierten diese Prototypen die BMW-Führung, das zukünftige GS-Modell zu entwickeln.« Der von Laverda gestaltete Rahmen wurde dann beim italienischen Spezialbetrieb Verlicchi gebaut und mit einer Marzocchi-Gabel ausgestattet. Kurz nach dem von Laverda entwickelten Prototyp wurde Weihnachten 1978 die erste Rallye Paris-Dakar gestartet – ein besseres Timing hätte es nicht geben können. Die spektakuläre Veranstaltung war wie geschaffen für hubraumstarke und zuverlässige Motorräder. Beim zweiten Start am 1. Januar 1980 ging ein

Einarmschwinge
Das neue »Monolever«-System erwies sich als sehr erfolgreich. Noch war der Endantrieb fest mit der Schwinge verschraubt.

R 80 G/S

»Nur 21 Monate nach Projektbeginn stand die erste R 80 G/S auf eigenen Rädern.«

MOTORRAD

französisches Privatteam mit einer BMW an den Start (und wurde am Ende Fünfter) – bei BMW France, wo schon seit Längerem eine Enduro gefordert wurde, war man begeistert.

Motivation der Jugend

Ein anderer Prototyp hatte vielleicht noch mehr Einfluss auf die zukünftige GS und ihre Serienproduktion. Der bei BMW als Ingenieur und Testfahrer arbeitende Laszlo Peres hatte sich selbst eine 142 kg schwere Geländemaschine mit einem 800er-Boxermotor gebaut, mit der er 1978 bei der deutschen Geländemeisterschaft den zweiten Platz in der Klasse für Motorräder über 750 cm³ erreichen konnte. Er war der Überzeugung, dass solche Erfolge in den USA oder Frankreich noch gesteigert werden könnten. Mit anderen BMW-Ingenieuren entwickelte er eine Maschine, die aufgrund ihres rot lackierten Tanks bald »Red Devil« genannt wurde. Peres beharrte darauf, das Projekt weiterverfolgen zu dürfen, doch die Entwicklung der neuen K-Reihe erforderte viel Energie und Personal. Karl Heinz Gerlinger, Vizepräsident von BMW Motorrad, richtete ein paar Worte an seinen Vorgesetzten Eberhard von Kuenheim. Dieser antwortete: »Es liegt an Ihnen. Glauben Sie wirklich, dass es einen großen Markt für solche Motorräder gibt?« Gerlinger nickte, und es gab grünes Licht für das Team mit Laszlo Peres und Rüdiger Gutsche zur Entwicklung der R 80 G/S. Die Arbeit von Laverda und die Maschine von Peres sollten zur Grundlage eines neuen Prototyps mit der Bezeichnung V173 werden. Im Januar 1980 wurden zwei Vorserienmodelle auf 2.200 km durch Südamerika extremen Tests unterzogen. Im Herbst war die R 80 G/S fertig.

Technisch basierte die G/S auf der seit 1977 angebotenen R 80/7, doch die Zylinder waren nicht mehr

R 80 G/S Prototype

»Während der Entwicklung wurden zwei R 80 G/S-Prototypen 2.200 Testkilometer durch Ecuador gefahren.«

R 80 G/S (1980) Technisch basierte die G/S auf der seit 1977 angebotenen R 80/7, doch die Zylinder waren nicht mehr mit Gusseisen-Buchsen ausgerüstet, sondern hartverchromt. Die Schwungscheibe an der Trockenkupplung wurde um fast 4 kg abgespeckt. Außerdem wurde erstmals bei BMW eine elektronische Zündung installiert. Im von der R 65 abgeleiteten Rahmen wurde eine neue Einarmschwinge gelagert, die sich natürlich auch mit nur einem Stoßdämpfer gegen das Rahmenheck abstützte. Die Schwinge war laut BMW um 50 Prozent steifer als eine konventionelle Schwinge, sodass auch im schweren Gelände keine Probleme auftraten. Die R 80 G/S wurde in Europa sofort zum Erfolg, und bald waren auch Amerikaner begeistert. Zu dieser Zeit konnte jedoch noch niemand ahnen, welche Übermacht G/S-Modelle in zukünftigen Jahrzehnten haben sollten.

R 80 G/S

»Die R 80 G/S begleitet den wachsenden Erfolg der Rallye Paris–Dakar.«

mit Gusseisen-Buchsen ausgerüstet, sondern hartverchromt. Die Schwungscheibe an der Trockenkupplung wurde um fast 4 kg abgespeckt. Außerdem wurde erstmals bei BMW eine elektronische Zündung installiert. Im von der R 65 abgeleiteten Rahmen wurde eine neue Einarmschwinge gelagert, die sich natürlich auch mit nur einem Stoßdämpfer gegen das Rahmenheck abstützte.

Die Schwinge war laut BMW um 50 Prozent steifer als eine konventionelle Schwinge, sodass auch im schweren Gelände keine Probleme auftraten. Die R 80 G/S wurde in Europa sofort zum Erfolg, und bald waren auch Amerikaner begeistert. Zu dieser Zeit konnte jedoch noch niemand ahnen, welche Übermacht G/S-Modelle in zukünftigen Jahrzehnten haben sollten.

Urahn
Die neue BMW-Enduro sollte die Basis einer ganzen Palette dieser neuen Sparte werden.

»Hubert Auriol konnte 1981 die dritte Rallye Paris–Dakar gewinnen – und 1983 noch einmal.«

Abenteuer
Der Sieg von Hubert Auriol bei der Rallye Paris–Dakar 1981 fand quasi zeitgleich mit der Einführung der R 80 G/S statt. Die Rallye und die BMW-Enduro konnten viele Jahre voneinander profitieren.

Die Pioniere der Dakar

| 1981 |

Das Timing der Rallye Paris–Dakar und der Entwicklung der BMW R 80 G/S war perfekt. BMW hatte bereits in der ISDT (International Six Day Trial), einer Endurosport-Veranstaltung, bei der Nationalteams gegeneinander antreten, entsprechend vorbereitete Motorräder eingesetzt – bei der ISDT von 1979 waren es Maschinen mit 870 cm³ Hubraum und 150 kg Leergewicht (vollgetankt). Auf dieser Basis entstand der erste Prototyp, mit dem der Franzose Jean-Claude Morellet, genannt »Fenouil« (Fenchel), am 26. Dezember 1978 in Paris an den Start ging. Bis Dakar kam er allerdings nicht. Ein Jahr später wurden zwei von Herbert Scheck vorbereitete und von BMW France unterstützte Maschinen eingesetzt. Den Hubraum hatte man auf 800 cm³ zurückgenommen und die vollgetankte Maschine wog 180 kg. Mit einer Leistung von 55 PS war die Maschine den zumeist einzylindrigen Konkurrenten überlegen. Der Unterschied zur zukünftigen Serienmaschine bestand vor allem in der Verwendung einer traditionellen Zweiarmschwinge, weil man auf den 6.236 Kilometern über zumeist schroffen afrikanischen Untergrund kein Risiko eingehen wollte. Die Franzosen Hubert Auriol und Morellet wurden als Fahrer verpflichtet. Auriol erlitt auf dem zweiten Platz liegend einen Getriebeschaden und wurde wegen illegal angenommener Hilfe disqualifiziert. Fenouil wurde am Ende Fünfter. 1981 konnte Auriol die Rallye schließlich gewinnen. Drei R 80 G/S waren von der bayerischen Firma HPN vorbereitet worden, und neben Auriol und Fenouil konnte auch Bernard Neimar verpflichtet werden. Die Motoren stammten aus den für die Europa-Geländemeisterschaft eingesetzten Maschinen, die gegenüber den Serienmodellen um 20 kg abgespeckt worden waren. Die Hinterradschwinge ähnelte jetzt dem G/S-Teil, doch war links eine Verstärkung angebracht worden. Diese dritte Rallye Paris–Dakar erwies sich mit schwerem Gelände und langen Sonderprüfungen als sehr kompliziert, und es wurden viele Ausfälle registriert (nur 28 der 106 gestarteten Motorräder erreichten Dakar). Trotz eines beschädigten Stoßdämpfers konnte Auriol das Rennen bravourös gewinnen – der erste von (bislang) sechs BMW-Siegen bei dieser Rallye.

K 100 LT

| 1986 |

Referenz

Im kollektiven Gedächtnis ist die K 100 LT das Motorrad der Kuriere und Journalisten. Für BMW war sie eine Wette, die Motorradsparte zu retten. Ende der 1970er-Jahre befand sich die Motorradindustrie in einer schlechten Verfassung. Der Markt hatte sich im vorherigen Jahrzehnt dramatisch verändert – und die Boxer-Modelle waren dabei immer älter geworden. BMW musste sich ernsthafte Gedanken um die Zukunft machen. Auf keinen Fall wollte man den Japanern folgen, sondern sich weiterhin durch einzigartige Antriebseinheiten auszeichnen. 1973 hatte man einen Weitwinkel-V4 mit 168° Zylinderwinkel entwickelt, der jedoch in der Herstellung zu teuer gewesen wäre. Ein Vierzylinder-Boxermotor wäre perfekt gewesen, doch dieser steckte 1975 schon in der Honda Gold Wing. Der Ingenieur Josef Fritzenweger hatte schließlich die Idee, einen wassergekühlten Reihenvierzylinder längs liegend einzubauen. Erste Studien zur Leistungssteigerung des BMW-Programms wurden 1977 durchgeführt. Traditionell wurde die Kraft über eine Einscheiben-Trockenkupplung, ein angeblocktes Getriebe und eine Kardanwelle auf das Hinterrad übertragen. Der Prototyp bewies die Machbarkeit des Projekts und wurde 1978 zerstört. Stefan Pachernegg übernahm das Projekt und gab die Entwicklung des Motors an Martin Probst weiter, der einst den Motor des ersten VW Golf konstruiert hatte und inzwischen Formel-2-Triebwerke für BMW entwarf. Diese Automobilmotoren-Erfahrung sparte eine Menge Zeit, und am 20. Februar 1979 war die als »Compact Drive System« patentierte Antriebseinheit startbereit. Im August 1980 stand der erste Prototyp auf dem Prüfstand und bewies über 10.000 Stunden Laufzeit seine Zuverlässigkeit. Im Herbst 1981 wurden mit dem Vorserien-Typen K 589 erste Fahrversuche unternommen. Im September 1983 wurde das neue Motorrad erstmals der Presse vorgestellt. Das neue Triebwerk überzeugte durch seinen logischen Aufbau, nur von den 90 PS waren manche enttäuscht, während andere die dadurch zu erwartende Zuverlässigkeit lobten. Zunächst wurde die nahezu unverkleidete K 100 angeboten, kurz danach folgte die K 100 RS mit »reisesportlicher« Verkleidung. 1984 erschien das Tourenmodell K 100 RT. Der »Luxus-Tourer« K 100 LT wurde dagegen erst 1986 vorgestellt und ab 1987 ausgeliefert. Ab 1991 wurde die Baureihe mit mehr Hubraum und Vierventil-Zylinderköpfen zur K 1100 LT umgestaltet.

Reisefreude
Der K 100 RT folgte die LT und dann die K 1100 RT. Alle Maschinen beglückten sowohl Langstreckenfahrer als auch Motorradpolizisten.

K 100 LT (1986) Viertakt-Reihenvierzylinder, wassergekühlt, 2 per Ketten angetriebene obenliegende Nockenwellen und Tassenstößel, je 2 hängende Ventile (DOHC), Hubraum: 987 cm³, Bohrung x Hub: 67 x 70 mm, Leistung: 90 PS bei 8.000/min, max. Drehmoment: 86 Nm bei 6.000/min, LE-Jetronic Einspritzung, Einscheiben-Trockenkupplung, 5-Ganggetriebe, Endantrieb über Kardan, Stahlrohr-Brückenrahmen, Federung vorn: Teleskopgabel, hinten Einarmschwinge; Federwege vorn/hinten: 185/110 mm; Bremse vorn: 2 Scheibenbremsen 285 mm, hinten Scheibenbremse 285 mm, Räder: 18/17 Zoll; Radstand: 1.516 mm; Leergewicht: 283 kg.

K 100 LT

»Mit ihrem unglaublichen Komfort setzte die K 100 LT neue Maßstäbe.«

K 75

| 1985 |

Triade

Leichtbau
Der sanft laufende Motor der K 75 wog 10 kg weniger als das K 100-Triebwerk, von dem er abgeleitet war. Eingebaut war er in der K 75 C (oben links), der K 75 (oben rechts) und der K 75 S (unten).

Ende 1985 präsentierte BMW die K 75. Zwar war von vornherein geplant gewesen, aus dem Vierzylinder der K 100 einen Dreizylinder abzuleiten, aber die Praxis erwies sich nicht ganz so einfach, wie man es in der Theorie gehofft hatte. Trotz einer Kurbelwelle mit 120° Hubzapfenversatz musste die Antriebswelle mit zwei Ausgleichsgewichten versehen werden. Um die gewünschte Leistung von 75 PS zu erreichen, mussten sich auch die Kolben und Brennräume vom Vierzylinder unterscheiden. Der Rahmen war etwas kürzer und der Tank etwas kleiner. Weil die K 100 einen eher viereckigen Auspuff trug, wurde an die K 75 ein dreieckig geformter Schalldämpfer montiert. Somit konnten nur noch etwa 50 Prozent aller Komponenten für beide Modellreihen verwendet werden, und für die K 75 mussten relativ hohe Preise verlangt werden. Mitte der 1980er-Jahre setzten Suzuki (mit der GSX-R 750) und Yamaha (mit der FZ 750) in der Dreiviertelliterklasse neue Maßstäbe – und boten ihre Modelle auch noch billiger an als BMW.

Die ersten Modelle K 75 S und C waren mit gabelfesten bzw. rahmenfesten Verkleidungen ausgerüstet und hatten Probleme, Kunden zu finden. Dank ihrer Handlichkeit und des geringeren Gewichts konnte sich der Dreizylinder langfristig aber dennoch gegen die K 100 behaupten.

Ergänzt wurde das Drilling-Programm durch die nackte K 75 und die vollverkleidete Tourenmaschine K 75 LT, die wie ihre große Schwester über ein Nivomat-Federbein verfügte. Ab 1990 löste sogar die K 75 RT die gleichnamige K 100 ab und entwickelte sich zu einer beliebten Behördenmaschine. Am 18. März 1991 rollte in Berlin-Spandau eine K 75 RT als einmillionstes Motorrad vom Band. 1996 wurde bei BMW das Dreizylinder-Kapitel nach zehn Jahren wieder beendet.

K 75 C (1985) Viertakt-Reihendreizylinder, wassergekühlt, 2 per Ketten angetriebene obenliegende Nockenwellen und Tassenstößel, je 2 hängende Ventile (DOHC), Hubraum: 740 cm³, Bohrung x Hub: 67 x 70 mm, Leistung: 75 PS bei 8.500/min, max. Drehmoment: 68 Nm bei 6.750/min, LE-Jetronic Einspritzung (34 mm), Einscheiben-Trockenkupplung, 5-Ganggetriebe, Endantrieb über Kardan, Stahlrohr-Brückenrahmen (Motor mittragend), Federung vorn: Teleskopgabel, hinten Einarmschwinge; Federwege vorn/hinten: 185/110 mm; Bremse vorn: 2 Scheibenbremsen 285 mm, hinten Trommelbremse 200 mm, Räder: 18/18 Zoll; Radstand: 1.516 mm; Leergewicht: 228 kg.

K 75

»Die K 75 trug den einzigen jemals bei BMW gebauten Dreizylindermotor.«

K 1

| 1989 |

Radikal

Die Zahl 1 erscheint in der BMW-Typologie nicht zufällig. Bei Automobilen waren der M 1 von 1978 als auch der Z 1 von 1991 stilprägend. 1938 hatte es sogar schon einen stromlinienförmigen Versuchswagen namens K 1 gegeben. Und genauso war auch das Motorrad mit der Bezeichnung K 1 ein außergewöhnliches Fahrzeug. Die Wurzeln dieser Ende 1988 vorgestellten Maschinen waren bereits am Anfang des Jahrzehnts gelegt worden.

BMW hatte 1980 auf der IFMA in Köln eine Studie namens Futuro vorgestellt (siehe Seite 63), die der damaligen Mode entsprechend mit einem per KKK-Turbolader beatmeten und mittragend im Rahmen hängenden Boxermotor ausgestattet war. Das Hinterrad war von einer Momentabstützung geführt, und das Gefährt war nahezu vollständig und aerodynamisch verkleidet. Reiner Buchmann gestaltete einige Jahre nach der Futuro eine weitere Studie namens Racer, bei der wie bei der später vorgestellten K 1 sogar noch das Vorderrad verschalt worden war – ein Luftwiderstandsbeiwert von 0,38 war für ein Motorrad herausragend. Bei beiden Modellen hatte Buchmann großen Wert auf Komfort gelegt. Die Racer-Studie wurde 1984 auf der Ausstellung Zeitmotor im BMW-Museum gezeigt – ohne einen Hinweis darauf, dass es bald Ähnliches zu kaufen gäbe.

Als die K 1 auf der IFMA 1988 vorgestellt wurde, ergaben die zuvor gezeigten Projekte einen Sinn. Die K 1 wurde das erste BMW-Motorrad mit Vierventil-Motor und leistete zudem als erstes Motorrad der Marke 100 PS. Sicherlich wäre mehr Leistung möglich gewesen, doch in Deutschland gab es eine freiwillige Selbstbeschränkung aller Hersteller (BMW) und Importeure auf diese Höchstleistung, und man fürchtete restriktive Gesetze, falls stärkere Motorräder auf den Markt gebracht würden. Im alten Motorgehäuse der K 100 drehten sich jetzt eine leichtere Kurbelwelle und darauf leichtere Pleuel. Eine neue Bosch Motronic steuerte jetzt gleichzeitig die Zündung und die Einspritzung. Auch das Rahmenkonzept hatte man von der K 100 übernommen, größer dimensionierte Rohre und ein geänderter Lenkkopf sollten ein gutes Handling gewährleisten. Die bereits von der R 100 GS bekannte Paralever-Hinterradschwinge sorgte für einen längeren Radstand.

Das nach Art eines Parallelogramms geführte Hinterrad federte jetzt nicht mehr beim Beschleunigen ein und im Schiebebetrieb wieder aus, sodass der bei Kardan-Motorrädern bekannte Fahrstuhleffekt verschwunden war.

Die Marzocchi-Telegabel mit 41,5 mm Standrohr-Durchmesser wurde speziell für die K 1 angefertigt, und am

Extrovertiert
Die Gestaltung und Farbgebung der umfangreich verkleideten K 1 überraschten 1988 das Publikum.

K 1

»Das Design der K 1 war vor allem auf deren überragende Aerodynamik zurückzuführen.«

1000cc
K1

Vorderrad verbissen sich zwei Vierkolben-Bremssättel von Brembo in 305 mm große Scheiben; ABS war optional erhältlich. Am auffälligsten war an der K 1 natürlich die alles umschließende Vollverkleidung, die mit einem 1,72 m großen Fahrer einen hervorragenden c_w-Wert von 0,35 erzielte. Dank des Vierventil-Zylinderkopfs, der neuen Motorsteuerung und der guten Aerodynamik konnte der Verbrauch gegenüber der K 100 gesenkt werden, zudem wurde eine Höchstgeschwindigkeit von echten 234 km/h ermöglicht.

Bahnbrechendes Design

Mit 280 kg Leergewicht war die K 1 zwar kein handliches Sportmotorrad, doch dank der guten Verkleidung und des Komforts war sie ein perfekter Langstrecken-Brenner. Ihr Preis von über 20.000 DM (3.000 DM mehr als eine K 100 RS) verhinderte große Verkaufszahlen, sodass bis 1993 nur 6.921 Exemplare gebaut wurden. Dennoch galt sie schon bei ihrer Vorstellung als Meilenstein der BMW-Geschichte und wurde 1989 in mehreren Ländern zum Motorrad des Jahres gewählt. Die K 1 war eine BMW mit einem neuen Gesicht, doch sie leugnete nicht ihre Markenidentität. Andere markante BMW-Motorräder sollten ihr folgen, doch keines von ihnen sollte jemals wieder einen solch guten Luftwiderstand aufweisen.

K 1

»Die K 1 ist ein legendäres und seltenes Motorrad geworden.«

K 1 (1989) K 1 (1989) Viertakt-Reihenvierzylinder, wassergekühlt, 2 per Ketten angetriebene obenliegende Nockenwellen und Tassenstößel, je 4 hängende Ventile (DOHC), Hubraum: 987 cm³, Bohrung x Hub: 67 x 70 mm, Leistung: 100 PS bei 8.000/min, max. Drehmoment: 100 Nm bei 6.750/min, Motronic-Einspritzung (35 mm), Einscheiben-Trockenkupplung, 5-Ganggetriebe, Endantrieb über Kardan, Stahlrohr-Brückenrahmen (Motor mittragend), Federung vorn: Teleskopgabel, hinten Paralever; Federwege vorn/hinten: 135/140 mm; Bremse vorn: 2 Scheibenbremsen 305 mm, hinten Scheibenbremse 285 mm, Räder: 17/18 Zoll; Radstand: 1.565 mm; Leergewicht: 280 kg.

R 100 GS Paris-Dakar

| 1990 |

Abenteurer

Die Erfolge der R 80 G/S hatten bei der Konkurrenz Begehrlichkeiten ausgelöst. Mitte der 1980er-Jahre kamen die ersten Zweizylinder-Enduros über die Alpen (Cagiva, Moto Guzzi usw.), und mit Honda an der Spitze folgten die Japaner. Die Rallye Paris-Dakar war weiterhin ein Spektakel, und der kleine Belgier Gaston Rahier konnte 1985 mit einer Vorserien-R 100 GS seinen zweiten Sieg (den vierten für BMW) einfahren. Ab 1987 war der Hubraum der BMW GS (jetzt ohne Strich dazwischen) auf 980 cm³ gewachsen und die Leistung auf 60 PS gestiegen. Eine R 80 GS wurde parallel weitergebaut. Mehr denn je war die GS ein Motorrad für Abenteurer und Weltreisende. Ihre Zuverlässigkeit stand genauso außer Frage wie ihre gute Fahrbarkeit. Die 1000er unterschied sich von der 800er durch den Windschild und den Ölkühler über dem rechten Zylinder. Beide Modelle hatten eine neue Hinterradaufhängung bekommen – Paralever genannt. Bei einem fest an der Schwinge montiertem Endantrieb sorgt Beschleunigen für ein Aufstellmoment, wogegen das Schließen des Gasgriffs das Heck einsacken lässt. Durch das neue System mit (nicht ganz parallel angeordneten) Parallelogrammen konnte dieser Effekt beseitigt werden, und das Fahrverhalten wurde komfortabler.

Die R 100 GS wurde mit neuen Kreuzspeichenrädern ausgerüstet, die die Montage schlauchloser Reifen ermöglichten. Eine neue Vorderradbremse von Brembo, ein Edelstahl-Auspuff und ein Motorschutz aus Aluminium ergänzten die Modifikationen. 1988 erschien die R 100 GS Paris-Dakar mit 35-Liter-Tank, rahmenfester Verkleidung, Sturzbügeln und Koffern, um trotz des Rückzugs des Werksteams nach dem Sieg von 1985 genau diesen zu feiern. Optional war die Maschine mit Einzelsitz lieferbar, damit dahinter ein großer Gepäckträger montiert werden konnte. Ab 1991 waren alle GS-Modelle auf Wunsch mit der Paris-Dakar-Ausstattung lieferbar.

Träume
Weite und offene Wüsten geisterten Ende der 80er-Jahre in vielen Motorradfahrer-Köpfen herum. Die BMW R 100 GS Paris-Dakar nutzte dies aus.

R 100 GS (1990) Zweizylinder-Viertakt-Boxermotor, fahrtwindgekühlt, per Kette angetriebene zentrale Nockenwelle, Stößelstangen, Kipphebel, hängende Ventile (OHV), Hubraum: 980 cm³, Bohrung x Hub: 94 x 70,6 mm, Leistung: 60 PS bei 6.500/min, max. Drehmoment: 76 Nm bei 3.750/min, 2 Bing-Gleichdruckvergaser (40 mm), Einscheiben-Trockenkupplung, 5-Ganggetriebe, Endantrieb über Kardan, Doppelschleifen-Stahlrohrrahmen, Federung vorn: Teleskopgabel, hinten Paralever-Einarmschwinge; Federwege vorn/hinten: 210/220 mm; Bremse vorn: Scheibenbremse 295 mm, hinten Trommelbremse 200 mm, Räder: 21/17 Zoll; Radstand: 1.513 mm; Leergewicht: 210 kg.

R 100 GS Paris-Dakar

»Mit dem großen Tank versprach die Paris–Dakar echtes Abenteuer.«

Kapitel 5

GESCHICHTE

Neuheiten ohne Ende

1993 › 2010

Während der Motorradmarkt ein starkes Wachstum erfuhr, fiel der 70. Geburtstag der R 32 mit zwei Ereignissen zusammen. Zum einen kündigte BMW die Rückkehr des Einzylinders an, zum anderen sollte die bewährte Boxermaschine eine wahre Revolution erfahren. Beim ersten Projekt sollten in einer europäischen Zusammenarbeit mit dem italienischen Motorradhersteller Aprilia und dem österreichischem Motorenbauer Rotax die Aprilia Pegaso und die BMW F 650 entstehen, eine Einzylinder-Enduro, mit der junges Publikum angelockt werden sollte. Das neue 1100er-Boxermotorrad entwickelte BMW allein – mit einem (weiterhin luftgekühlten) Vierventilmotor und einem radikal erneuerten Fahrwerk aus zwei separaten Hilfsrahmen, der schon bekannten Paralever-Hinterradaufhängung und einer Telelever genannten neuen Vorderradaufhängung. Um konservative Kunden nicht im Stich zu lassen, wurden mit der R 100 R und der R 80 GS weiterhin traditionelle Zweiventil-Boxermodelle angeboten.

Kuenheim II
Hendrik von Kuenheim war von 2008 bis 2012 Präsident von BMW Motorrad. Im Jahr 2009 verkaufte BMW 87.306 Motorräder im Wert von 1,069 Milliarden €.

Bestseller R 1200 GS

In den folgenden Jahren nutzte BMW die Vorteile des neuen Antriebs für eine breite Produktpalette, die bis zum Custombike R 1200 C von 1998 reichte, mit dem James Bond in *Der Morgen stirbt nie* durch Saigon raste. Dieser Ausflug ins Kino entsprach auch dem Bedürfnis, das Image von BMW zu verjüngen. Jedes Jahr wurden jetzt mindestens zwei neue Modelle vorgestellt. Nach dem Auslaufen des Vertrages mit Aprilia wurde 2000 eine neue F 650 vorgestellt (und erneut zwei Siege bei der Rallye Paris–Dakar eingefahren). Der Boxer wuchs zunächst auf 1.150 cm³ und ab 2004 auf 1.200 cm³ Hubraum, und mit dem C 1 wurde ein ganz neues Fahrzeug zwischen Motorroller und Auto vorgestellt. Die GS war inzwischen im Segment der Groß-Enduros zum Maßstab geworden und nicht nur in Deutsch and für viele Jahre das mit Abstand meistverkaufte Motorrad. Auch die K-Modelle waren längst auf 1.200 cm³ angewachsen und hatten ab 1997 die 100-PS-Grenze überschritten. Ab 2004 wurde die neue K-Generation vorgestellt, die nur noch den Kardanantrieb und die Anzahl der Zylinder mit den Vorgängern gemeinsam hatte. Der Motor der K 1200 S saß jetzt quer und leistete 167 PS. Das Vorderrad wurde in der neuen Duolever-Gabel geführt. Bei den Boxern entstand 2006 mit der neuen R 1200 RT ein neuer Bestseller. Ebenfalls mit Boxern, getunt und HP genannt, wurde wieder Straßenrennsport betrieben. 2006 rundete BMW das Zweizylinder-Programm mit 800er Parallel-Twins nach unten ab, und im folgenden Jahr erblickte eine 450er Sport-Enduro das Licht der Welt: die G 450 – erhältlich in drei Versionen.
Die Dynamik und die Innovationen waren gerechtfertigt, denn der Motorradmarkt wuchs weiterhin, und BMW hatte es dank seiner exklusiven und bewährten Lösungen geschafft, als Premiummarke wahrgenommen zu werden. 2010 sollte es neue Überraschungen geben!

Vier Generationen 1993 erschien eine neue Boxer-Generation, deren Zylinder traditionell luftgekühlt waren (ganz links). Rechts ist der erste Motor aus der R 32 von 1923, daneben das R 69-Triebwerk von 1955. Zweiter von links ist der Boxer aus der R 100 R von 1992 zu sehen (der sich aber kaum vom Motor der R 75/5 von 1969 unterschied). Das neue Triebwerk wurde 2004 auf 1.200 cm³ vergrößert, erhielt je zwei obenliegende Nockenwellen (ab 2008) und wurde ab 2013 durch einen völlig neuen Motor mit Wasserkühlung ersetzt.

2004
Nach der R 1100 RS von 1993, die den Boxer in eine neue Ära führte, wurde mit der R 1200 GS eine bedeutende Weiterentwicklung eingeleitet. Die GS wurde weltweit hoch gelobt und zu einem echten Bestseller.

2005 Im neuen Jahrtausend wollte BMW sein seriöses Image ernsthaft entstauben. Die K 1200 S und die hier gezeigte K 1200 R mit ihren quer montierten Vierzylindermotoren waren hierfür perfekte Beispiele.

Sechserpack
Die 2009 in Mailand gezeigte Concept 6 war mit ihrem unglaublichen Sechszylinder-Reihenmotor Vorbote der K 1600 LT. Während die Studie jedoch sportliche und sehr moderne Linien zeigte, trieb der äußerst kompakt geratene 24-Ventiler letztendlich einen Luxus-Tourer an.

R 1100 RS

| 1993 |

Die Initiatorin

Neuer Schwung
Die R 1100 RS hatte von 1993 bis 2002 eine lange Karriere. 1999 war ein sechster Gang hinzugekommen.

Die R 1100 RS war in jeder Hinsicht ein völlig neues BMW-Motorrad. Sie trug den neuen Boxermotor mit halbhoch liegenden Nockenwellen und Vierventil-Zylinderköpfen. Gemeinsam mit seinen Vorgängern hatte er nur noch die Luftkühlung, die angeflanschte Trockenkupplung und das separate Getriebe. Man war nicht auf der Suche nach wahnsinniger Höchstleistung gewesen, sondern wollte auf dem neuesten Stand der Technik bleiben. Europäische und japanische Hersteller führten seit Ende der 1980er-Jahre einen harten Konkurrenzkampf. Bei BMW hatte man nach der Einführung der K-Reihe bald erkannt, dass der Boxer nicht beerdigt werden konnte, sondern weiterhin stark nachgefragt war. Also wurden Studien zu neuen Triebwerken dieser Bauart angefertigt, die vor allem trotz immer schärferer Abgas-Vorschriften genügend Leistung zur Verfügung stellten. Natürlich durfte die Identität einer BMW nicht verloren gehen. Die Lösung lag in der Vergrößerung des Hubraums bei gleichzeitiger Verringerung der internen Reibung und Verbesserung der Effizienz.

Die Verdoppelung der Ventile war sehr wichtig, um die Vorgaben einhalten zu können. Der neue Motor mit dem Typencode R 259 nahm langsam Gestalt an, nachdem Burkhard Göschel 1989 mit der Entwicklung der BMW-Motorräder beauftragt worden war. Der ehemalige Mercedes-Ingenieur arbeitete seit 1978 in München und war für die Entwicklung des ersten V12-Autcmotors verantwortlich gewesen. Der 1100er-Boxer wurde mit besonders leichten Kolben, geschmiedeten Pleuel und einem speziellen Ölkühlkreis ausgerüstet, um die Zylinderköpfe nicht überhitzen zu lassen. Eine Einspritzanlage sollte geringen Verbrauch und gute Abgaswerte sicherstellen. Der R 259-Motor wurde erstmals 1992 auf der IFMA in Köln gezeigt – mehr wollte man den Kunden zunächst nicht zumuten. Ein Jahr später wurde die ganze R 1100 RS enthüllt. Wieder einmal hatte sich BMW an eine revolutionäre

R 1100 RS (1993) Zweizylinder-Viertakt-Boxermotor, fahrtwind-/ölgekühlt, per Zwischenwelle und Ketten angetriebene halbhoch liegende Nockenwellen, Stößel, Kipphebel, je 4 hängende Ventile (HC), Hubraum: 1.085 cm³, Bohrung x Hub: 99 x 70,5 mm, Leistung: 90 PS bei 7.250/min, max. Drehmoment: 95 Nm bei 5.500/min, Motronic MA 2.2-Einspritzung (45 mm), Einscheiben-Trockenkupplung, 5-Ganggetriebe, Endantrieb über Kardan, Leichtmetall-Rahmenträger vorn, Stahlrohr-Heckrahmen, Federung vorn: Telelever, hinten Paralever-Einarmschwinge; Federwege vorn/hinten: 120/135 mm; Bremse vorn: 2 Scheibenbremsen 305 mm, hinten Scheibenbremse 285 mm, Räder: 17/18 Zoll; Radstand: 1.473 mm; Leergewicht: 246 kg.

R 1100 RS

»Die R 1100 RS führte den Boxermotor ins 21. Jahrhundert.«

R 1100 RS

»Die RS war eine gute Kombination aus Sport und Reise.«

Vorderradaufhängung herangetraut, die diesmal Telelever hieß und eine Kombination aus Telegabel und Schwinge war. Hinten war das bekannte Paralever-System montiert. Der Motor und zwei Hilfsrahmen hielten das ganze Motorrad zusammen.

Die R 1100 RS setzte die Geschichte des BMW-Boxers erfolgreich fort – mit deutlich mehr Motorleistung und einem stabileren und komfortableren Fahrwerk. Anfängliche Probleme mit der Zuverlässigkeit wurden rasch behoben.

BMW-Fahrwerk
Telelever und Paralever wurden seit der R 1100 RS zum Hauptmerkmal der Boxer-Fahrwerke.

F 650 GS

| 1993 |

Die Rückkehr des Einzylinders

Eine mysteriöse Pressemitteilung alarmierte im Frühjahr 1992 die Motorradwelt: Aprilia, Rotax und BMW hätten eine Vereinbarung getroffen, in naher Zukunft ein völlig neues Motorrad auf den Markt zu bringen. Aus den wenigen Informationen konnte abgeleitet werden, dass es neben den bekannten Boxermaschinen und der K-Reihe zukünftig eine weitere BMW-Baureihe geben sollte. Weil Aprilia bereits seit 1990 die Enduro namens Pegaso 600 mit Rotax-Einzylindermotor im Programm hatte, lag es nahe, dass BMW ein ähnliches Motorrad plante. 1993 stand die erste Einzylinder-BMW seit dem Wegfall der R 27 im Jahr 1966 bereit, weil in München ein einfaches, leichtes und preiswertes Motorrad für Neu- und Wiedereinsteiger verlangt worden war.

Das Projekt startete Ende der 1980er-Jahre. Rasch wurde klar, dass die Entwicklungskosten im Rahmen bleiben mussten. Da die Entwicklung eines eigenen Motors viel Forschung und Investitionen erfordern würde und auch eine neue Montagelinie benötigt wurde, hatte es Gespräche mit potenziellen Partnern gegeben – am Ende konnte man sich mit Aprilia einigen. Dies war nicht das erste Projekt mit einem italienischen Hersteller, denn schon zehn Jahre zuvor hatte es bei der Entwicklung der R 80 G/S eine Zusammenarbeit mit Laverda gegeben (siehe Seite 78). Bei Aprilia stand die Pegaso bereits in den Startlöchern, und Rotax hatte bei Einzylindermotoren einen guten Ruf. Der Vertrag zum Projekt E 169 wurde 1991 unterschrieben. Mehrere Designer kümmerten sich um die Gestaltung der BMW, und der Engländer Martin Longmore, der bereits die K 100 RS und ihren Nachfolger entworfen hatte, erhielt den Zuschlag. Gerd Kandziora wurde Koordinator zwischen BMW, Aprilia und Rotax. Die Idee, die Fertigung an eine Fremdfirma zu verlagern, hatte bei BMW zu Problemen geführt, mit denen viele Mitarbeiter nicht zurechtkamen. Ein weiterer Punkt war die Uneinigkeit über den Endantrieb: Erstmals in der Firmengeschichte sollte eine Kette den Antrieb übernehmen – und mancher hatte Bedenken, dass hierdurch die Identität der Marke verwässert würde.

Die Geschäftsleitung erklärte, dass dieses Modell nicht unbedingt für traditionelle Kunden gedacht war, sondern neue Käufer bringen sollte. Nachdem alle Vorbehalte ausgeräumt waren, sollte der Rotax-Motor für BMW überarbeitet werden. Während im Zylinderkopf des Pegaso-Motors fünf Ventile den Gaswech-

Enduro
Die F 650 war handlich und komfortabel, ihr Motor konnte dennoch große Willenskraft zeigen.

F 650 GS

»Die F 650 erhielt den Beinamen Funduro, um den Spaßfaktor und die vielseitige Einsetzbarkeit zu illustrieren.«

sel steuerten, sollten es bei der BMW nur vier sein, dafür wurden verlängerte Wartungsintervalle und die Anpassung an zukünftige Abgasnormen erwartet. Erstmals getestet wurden die Motorräder 1992 in der Nähe von München, dann ging man nach Sizilien, um viele Kilometer unter unterschiedlichen Bedingungen fahren zu können. Ende 1993 wurde die F 650 dem Publikum vorgestellt.

Rotax lieferte die Motoren ins Aprilia-Werk in Noale bei Venedig, wo das Motorrad zusammengebaut wurde. Außer einer Kette als Endantrieb wies die F 650 gegenüber den bekannten BMW-Modellen weitere technische Besonderheiten auf: einen Mikuni-Doppelvergaser, doppelte obenliegende Nockenwellen, Wasserkühlung, ein in den Motorblock integriertes Getriebe mit Nasskupplung und eine Trockensumpfschmierung mit im oberen Rahmenrohr gebunkertem Motoröl. Die 48 PS hatten mit den 195 kg Leergewicht leichtes Spiel und BMW taufte die Maschine schließlich auch noch *Funduro*, um die Jugend anzulocken. BMW hatte jetzt Ein-, Zwei-, Drei- und Vierzylinder-Motorräder im Programm, und 1994 konnte Jutta Kleinschmidt mit der kleinen GS bei der Rallye Paris–Dakar sogar den Sieg in der Frauen-Gruppe einfahren.

F 650 (1990) Einzylinder-Viertaktmotor, wassergekühlt, 2 per Kette angetriebene obenliegende Nockenwellen, Tassenstößel, 4 hängende Ventile (DOHC), Hubraum: 652 cm³, Bohrung x Hub: 100 x 83 mm, Leistung: 48 PS bei 6.500/min, max. Drehmoment: 57 Nm bei 5.200/min, 2 Mikuni-Gleichdruckvergaser (33 mm), Mehrscheiben-Nasskupplung, 5-Ganggetriebe, Endantrieb über Kette, Einschleifen-Stahlprofilrahmen mit verschraubtem Unterzug, Federung vorn: Teleskopgabel, hinten Schwinge mit progressiv angelenktem Stoßdämpfer; Federwege vorn/hinten: 171/165 mm; Bremse vorn: Scheibenbremse 300 mm, hinten Scheibenbremse 240 mm, Räder: 19/17 Zoll; Radstand: 1.480 mm; Leergewicht: 195 kg.

F 650 GS

»Die Funduro markierte bei BMW den Beginn der Verjüngung.«

R 1100 R

| 1994 |

Komfort-Roadster

Das seit den 1990er-Jahren bekannte Roadster-Konzept (unverkleidetes Sportbike mit Bad-Boy-Image) hatte man bei BMW etwas abgewandelt. Bis zur R 1100 R waren nackte BMWs eher die Basis im Stil der Maschinen aus den 1960er- und 1970er-Jahren. Anfang der 1990er-Jahre gab es schon die R 100 R auf Basis der R 100 GS, mit der das alte Boxer-Konzept ausklingen sollte. Das eigentlich letzte Zweiventilboxer-Straßenmodell wurde 1993 »Mystic« genannt, bevor 1995 dann doch noch für zwei Jahre die R 100 R Classic erschien.

Die 1994 vorgestellte R 1100 R war mit dem aus der RS bekannten Motor ausgerüstet, der hier (wie bei der GS) nur 80 statt 90 PS leistete – in München war man noch traditionell und nicht bereit, die sportliche Karte zu ziehen, außerdem hatte man gegenüber der R 100 R schon deutlich zugelegt. Dem aus der RS abgeleiteten Fahrgestell hatte man hier einen Lenkungsdämpfer spendiert. Mit 235 kg Leergewicht lag sie 11 kg unter der RS und 27 kg unter der GS. Trotz (oder wegen) dieser scheinbaren Gelassenheit wurde die R 1100 R sehr erfolgreich und bis 2000 wurden 26.213 Exemplare gebaut. Parallel erschien auch eine R 850 R mit 70 PS, die bis 2002 sogar 29.209-mal gebaut wurde.

Der Erfolg der R 1100 R war wahrscheinlich eher als bei den anderen neuen Boxer-Modellen auf ihr Erscheinen und ihre Vielseitigkeit zurückzuführen. Mit einer kleinen Windschutzscheibe und Koffern ausgerüstet, war sie eine Reisemaschine mit bequemem Soziusplatz – Möglichkeiten, von denen Fahrer sportlich orientierter Roadster (wie der Ducati Monster) nur träumen konnten.

Roadster
Die R 1100 R war nach der RS und GS die dritte BMW der neuen Boxer-Generation.

R 1100 R (1994) Zweizylinder-Viertakt-Boxermotor, fahrtwind-/ölgekühlt, per Zwischenwelle und Ketten angetriebene halbhoch liegende Nockenwellen, Stößel, Kipphebel, je 4 hängende Ventile (HC), Hubraum: 1.085 cm³, Bohrung x Hub: 99 x 70,5 mm, Leistung: 80 PS bei 6.750/min, max. Drehmoment: 97 Nm bei 5.250/min, Motronic MA 2.2-Einspritzung (45 mm), Einscheiben-Trockenkupplung, 5-Ganggetriebe, Endantrieb über Kardan, Leichtmetall-Rahmenträger vorn, Stahlrohr-Heckrahmen, Federung vorn: Telelever, hinten Paralever-Einarmschwinge; Federwege vorn/hinten: 120/135 mm; Bremse vorn: 2 Scheibenbremsen 305 mm, hinten Scheibenbremse 276 mm, Räder: 17/18 Zoll; Radstand: 1.487 mm; Leergewicht: 235 kg.

R 1100 R

»*Entspannend* ist sicher das am besten zur R 1100 R passende Adjektiv.«

R 1100 GS

| 1994 |

Die Unermüdliche

Weil Anfang der 1990er-Jahre alle Boxer-BMWs sukzessive auf den neuen Vierventil-Motor und das Telelever-Fahrwerk umgestellt wurden, überraschte es auch nicht, dass bald die Enduro dran war. Obwohl auch die geländetauglichen Zweiventilboxer in den letzten Jahren immer schwerer geworden waren, legte die R 1100 GS noch eine ordentliche Schippe drauf: 20 PS und 22 kg mehr – Komfort (Telelever, abschaltbares ABS) kostet Gewicht. Das von der RS abgeleitete Fahrwerk verfügte vorn und hinten über deutlich mehr Federweg und garantierte überragende Stabilität, um auch im leichten Gelände hohen Komfort zu bieten. Erstmals wurden bei einer BMW-Enduro drei Scheibenbremsen eingesetzt. Zahlreiche GS-Liebhaber nutzten die neue Maschine, um endlose Kilometer durch Wüsten und Steppen der ganzen Welt abzuspulen. Der neue Boxermotor war leicht modifiziert worden, um mehr Drehmoment statt hohe Motorleistung zu erzeugen. Die GS wurde gern als Reisemaschine für die Straße genutzt, wo sie eine Höchstgeschwindigkeit von 190 km/h erreichte. 1995 erhielt die GS neue Leichtmetall-Speichenräder und eine geänderte Lenkgeometrie, die den Radstand um 10 mm verlängerte. Ein Jahr später wurde der Kunststofftank durch einen Behälter aus Stahlblech ersetzt. 1998 wurde der R 1100 GS eine »kleine« R 850 GS zur Seite gestellt, die bis auf kleinere Kolben und entsprechend geschrumpfte Zylinder baugleich – und gleich schwer – war. Besonders erfolgreich war dieses Modell nicht. Zum 75. Geburtstag des BMW-Motorrades gab es 1999 eine Sonderedition, kurz danach erschien das Nachfolgemodell R 1150 GS. Bis 1999 wurden beachtliche 43.628 Exemplare der R 1100 GS gebaut.

Groß-Enduro
Wer hätte 15 Jahre vorher geglaubt, dass eine Enduro mit 1.100 cm³ Hubraum und einer Vierteltonne Leergewicht ein Bestseller werden könnte?

R 1100 GS (1994) Zweizylinder-Viertakt-Boxermotor, fahrtwind-/ölgekühlt, per Zwischenwelle und Ketten angetriebene halbhoch liegende Nockenwellen, Stößel, Kipphebel, je 4 hängende Ventile (HC), Hubraum: 1.085 cm³, Bohrung x Hub: 99 x 70,5 mm, Leistung: 80 PS bei 6.750/min, max. Drehmoment: 97 Nm bei 5.250/min, Motronic MA 2.2-Einspritzung (45 mm), Einscheiben-Trockenkupplung, 5-Ganggetriebe, Endantrieb über Kardan, Leichtmetall-Rahmenträger vorn, Stahlrohr-Heckrahmen, Federung vorn: Telelever, hinten Paralever-Einarmschwinge; Federwege vorn/hinten: 190/200 mm; Bremse vorn: 2 Scheibenbremsen 305 mm, hinten Scheibenbremse 276 mm, Räder: 19/17 Zoll; Radstand: 1.509 mm; Leergewicht: 242 kg.

R 1100 GS

»Die GS war stets der Vorreiter für schwere Geländemaschinen.«

R 1100 RT

| 1995 |

Modernes Reisen

Zehn Jahre nach Beginn ihrer zweiten Karriere im Jahr 1987 zeigte die R 100 RT gewisse Alterungserscheinungen (immerhin war das Konzept von 1978). Dennoch mussten sich Reisende bis 1995 gedulden, um eine R 1100 RT ihr Eigen nennen zu können. Technisch basierte sie weitgehend auf der zwei Jahre zuvor präsentierten RS, und ihr Motor leistete wie bei dieser auch 90 PS.

Die RT bekam erstmals das ABS der zweiten Generation und eine umfangreiche Ausstattung, darunter eine elektrisch verstellbare Windschutzscheibe, die zusammen mit der effizienten Aerodynamik einen sehr guten Wetterschutz bot. Die abgerundete Ästhetik wurde seinerzeit »Bio-Design« genannt. Mit Koffern, Lüftungsklappen für Warm- und Kaltluft, einer Schnellverstellung für die Position des Schalthebels, drei verschiedenen Positionen für den Fahrersitz und einem Reifenpannen-Reparaturset war die RT sehr umfangreich ausgestattet. Die dadurch erreichten 282 kg Leergewicht machten sich beim Rangieren durchaus bemerkbar, verschwanden aber, sobald das Gefährt unterwegs war; dafür sorgten eine gute Lastverteilung und ein günstiger Schwerpunkt. Für ein Motorrad dieser Größe war das Handling wirklich beeindruckend – vor allem im Vergleich zur K 1100 LT. Solche Qualitäten überzeugten auch Motorradpolizisten von Kalifornien bis Australien. Der 26 Liter fassende Tank bot bei nicht allzu forscher Fahrweise eine Reichweite von 300 km. Zahlreiche Zeitschriften wählten die neue RT zum besten Reisemotorrad des Jahres (darunter die amerikanischen Magazine *Motorcyclist, Cycle World* und *Rider Magazine*).

Bis zum Erscheinen der R 1150 RT im Jahr 2001 wurden trotz des stolzen Preises von 24.500 bis 27.000 DM über 24.700 Exemplare verkauft.

Vollverschalt
Aus dem Plastikkleid der ersten R 1100 RT ragten lediglich die Zylinderköpfe heraus. Die Windschutzscheibe war elektrisch verstellbar.

R 1100 RT (1995) Zweizylinder-Viertakt-Boxermotor, fahrtwind-/ölgekühlt, per Zwischenwelle und Ketten angetriebene halbhoch liegende Nockenwellen, Stößel, Kipphebel, je 4 hängende Ventile (HC), Hubraum: 1.085 cm³, Bohrung x Hub: 99 x 70,5 mm, Leistung: 90 PS bei 7.250/min, max. Drehmoment: 95 Nm bei 5.500/min, Motronic MA 2.2-Einspritzung (45 mm), Einscheiben-Trockenkupplung, 5-Ganggetriebe, Endantrieb über Kardan, Leichtmetall-Rahmenträger vorn, Stahlrohr-Heckrahmen, Federung vorn: Telelever, hinten Paralever-Einarmschwinge; Federwege vorn/hinten: 120/135 mm; Bremse vorn: 2 Scheibenbremsen 305 mm, hinten Scheibenbremse 276 mm, ABS, Räder: 17/18 Zoll; Radstand: 1.473 mm; Leergewicht: 282 kg.

R 1100 RT

»Die RT verwöhnt mit allem Komfort.«

K 1200 RS

| 1996 |

Aufreger

Die K-Reihe war nach der Vorstellung der neuen Boxer-Generation etwas vernachlässigt worden, doch dann erschien die erste BMW mit über 100 PS (zumindest außerhalb Deutschlands und Frankreichs war sie mit 130 PS erhältlich) – der erste Schritt zur Übertretung der seit den 1980er-Jahren bestehenden freiwilligen Leistungsbeschränkung. Im auf der K 1100 RS basierenden Motor wurde mithilfe einer neuen Kurbelwelle 5 mm mehr Hub erzeugt und so der Hubraum um 81 cm³ vergrößert. Das von Getrag gelieferte Getriebe hatte einen sechsten Gang bekommen, und die neue Bosch Motronic 2.4 regelte automatisch den Kaltstart. Auch das Diagnosesystem Mobi Dic feierte Premiere und informierte über alle elektrischen und elektronischen Störungen. Auch beim Fahrwerk unterschied sich die K 1200 RS deutlich vom Vorgängermodell: Die jetzt als Telelever ausgeführte Vorderradaufnahme hing in einem an ein Monocoque erinnernden Aluminiumelement, das von Bimota für BMW entwickelt worden war und beim italienischen Spezialisten Verlicchi gebaut wurde. Der Motor war nicht mehr mittragend und konnte vibrationsentkoppelt elastisch aufgehängt werden. Die K 1200 RS konnte auf diese Art ohne Komfortverlust auf mehr Leistung getrimmt werden. Das Gewicht legte gegenüber der K 1100 RS um 17 kg zu.

Das Konzept aus Reise- und Sportmotorrad war jedoch nicht allzu erfolgreich. Die Kunden wollten lieber das eine oder das andere – und japanische Hersteller boten inzwischen sowohl leichtere als auch stärkere Maschinen an. Bis 2005 wurden knapp 16.000 Einheiten produziert.

Zusammenarbeit
Der von Bimota entwickelte Rahmen wurde bei Verlicchi gebaut. Die K 1200 RS wurde ab 2002 durch die GT ergänzt.

K 1200 RS (1996) Viertakt-Reihenvierzylinder, wassergekühlt, 2 per Ketten angetriebene obenliegende Nockenwellen und Tassenstößel, je 4 hängende Ventile (DOHC), Hubraum: 1.171 cm³, Bohrung x Hub: 70,5 x 75 mm, Leistung: 130 PS bei 8.750/min, max. Drehmoment: 117 Nm bei 6.750/min, Motronic MA 2.4-Einspritzung (38 mm), Einscheiben-Trockenkupplung, 6-Ganggetriebe, Endantrieb über Kardan, Aluguss-Brückenrahmen mit Stahlrohr-Rahmenheck (Motor elastisch aufgehängt), Federung vorn: Telelever, hinten Paralever; Federwege vorn/hinten: 115/150 mm; Bremse vorn: 2 Scheibenbremsen 305 mm, hinten Scheibenbremse 285 mm, Räder: 17/17 Zoll; Radstand: 1.555 mm; Leergewicht: 285 kg.

K 1200 RS

»Die K 1200 RS war die erste BMW mit mehr als 100 PS.«

R 1200 C

| 1997 |

Eigenkreation

Der amerikanische Motorradmarkt hat seine Eigenheiten. Er bildet einen riesigen Absatzmarkt, doch es müssen so manche Besonderheiten beachtet werden. Echte Patrioten fahren Harley-Davidson, und der Custom Style ist weiterhin sehr präsent. Auf den langen und kurvenarmen Landstraßen durch das weite Land finden Reisen im Roadmovie-Stil und mit sehr amerikanischer Geisteshaltung statt. All dies wollte BMW mit der R 1200 C erfüllen. Zwar war sie die erste BMW mit 1200er-Boxermotor, doch nahm dieser nicht die Entwicklung des späteren »echten« 1.200-cm³-Motors vorweg. Die Hubraum-Vergrößerung (durch mehr Bohrung und mehr Hub) sollte die Maschine auf das einst von Harley-Davidson vorgegebene Maß bringen. Und weil Harleys nicht durch gewaltige Leistungsdaten glänzten, wurden es bei der R 1200 C dank neuer Nockenwellen auch nur 60 PS (bei einem fülligen Drehmomentverlauf). Ein neuer Rahmen, eine neu gestaltete Telelever-Gabel für das Vorderrad und eine Monolever-Hinterradaufhängung (mit fest verschraubtem Endantrieb) bildeten das Fahrwerk; der Radstand von 1.650 mm war Geradeauslauf-fördernd.

Der Erfolg dieses etwas anderen Custombikes war dem amerikanischen Designer David Robb zu verdanken, der bereits die K 1200 RS gestaltet hatte. Die Telelever-Schwinge hatte er organisch gestaltet und auf Hochglanz poliert. Viele Chromteile ergänzten die für europäische Augen etwas schwülstige Optik. Robbs Arbeit war so überzeugend, dass die R 1200 C 1998 in die Ausstellung *The Art of Motorcycle* im New Yorker Guggenheim Museum aufgenommen wurde. Auch im James-Bond-Film *Der Morgen stirbt nie* konnte sich die Maschine verewigen. Bis 2005 wurden mehrere Varianten, darunter die Montauk mit breitem Vorderrad, die Independent (für Solisten) und die CL (nach Art der Harley Electra Glide), gebaut.

Custom
Der R 1200 C konnte man nicht vorwerfen, eine weitere Harley-Kopie zu sein. Es gab sie auch als 850er.

R 1200 C (1997) Zweizylinder-Viertakt-Boxermotor, fahrtwind-/ölgekühlt, per Zwischenwelle und Ketten angetriebene halbhoch liegende Nockenwellen, Stößel, Kipphebel, je 4 hängende Ventile (HC), Hubraum: 1.170 cm³, Bohrung x Hub: 101 x 73 mm, Leistung: 60 PS bei 5.000/min, max. Drehmoment: 98 Nm bei 3.000/min, Motronic MA 2.4-Einspritzung (35 mm), Einscheiben-Trockenkupplung, 5-Ganggetriebe, Endantrieb über Kardan, Leichtmetall-Rahmenträger vorn, Stahlrohr-Heckrahmen, Federung vorn: Telelever, hinten: Monolever-Einarmschwinge; Federwege vorn/hinten: 144/100 mm; Bremse vorn: 2 Scheibenbremsen 305 mm, hinten Scheibenbremse 285 mm, Räder: 18/15 Zoll; Radstand: 1.650 mm; Leergewicht: 256 kg.

R 1200 C

»Die R 1200 C erhielt nach ihrer Präsentation sofort eine Rolle im James-Bond-Film.«

K 1200 LT

| 1999 |

Limousine

Als BMW Ende 1998 erstmals die K 1200 LT präsentierte, wurde sie mit der 7er-Limousine aus München verglichen. Die neue LT führte das bei der 1100er vorgestellte Konzept an neue Grenzen, um es mit der Honda Gold Wing aufzunehmen. Die Ausstattung war mit Musikanlage, Bordcomputer mit Tempomat, elektro-hydraulischem Hauptständer, elektrischem Rückwärtsgang, Griffheizung und 120 Liter Stauraum umfangreich. Die Laufruhe des Motors und der Sitzkomfort erinnerten tatsächlich an ein hochwertiges Automobil, das Gewicht von 378 kg allerdings auch fast schon an einen Kleinwagen. Dank des tief (und elastisch) aufgehängten Motors waren diese Massen allerdings kaum spürbar.

Technisch basierte die LT auf der RS, mit reduzierter Verdichtung und geänderter Einspritzanlage war der Motor auf einen guten Durchzug im Mittelbereich getrimmt worden, sodass auf den sechsten Gang verzichtet wurde. Die 98 übrig gebliebenen PS waren exakt auf die neue Versicherungsklasse abgestimmt (die K 1100 LT hatte noch 100 PS). Die LT war gezielt auf den amerikanischen Geschmack optimiert worden, um dort gegen die Honda Gold Wing anzutreten. Chefdesigner David Robb hatte Prototypen im direkten Vergleich zur Honda über viele Meilen durch die USA gefahren, um den Geist der Highways perfekt zu treffen. Als er später von einem amerikanischen Journalisten interviewt wurde, erklärte Robb, dass BMW in der glücklichen Lage war, die Designabteilungen für Automobile und Motorräder unter einem Dach zu haben, sodass ständig konstruktive Informationen ausgetauscht werden konnten. Die LT hat davon besonders profitiert.

Agil
Sobald sie rollte, war die K 1200 LT trotz beeindruckender 387 kg Leergewicht relativ handlich.

K 1200 LT (1999) Viertakt-Reihenvierzylinder, wassergekühlt, 2 per Ketten angetriebene obenliegende Nockenwellen und Tassenstößel, je 4 hängende Ventile (DOHC), Hubraum: 1.171 cm³, Bohrung x Hub: 70,5 x 75 mm, Leistung: 98 PS bei 6.750/min, max. Drehmoment: 115 Nm bei 4.500/min, Motronic MA 2.4-Einspritzung (34 mm), Einscheiben-Trockenkupplung, 5-Ganggetriebe mit elektrischem Rückwärtsgang, Endantrieb über Kardan, Aluguss-Brückenrahmen mit Stahlrohr-Rahmenheck (Motor elastisch aufgehängt), Federung vorn: Telelever, hinten Paralever; Federwege vorn/hinten: 115/130 mm; Bremse vorn: 2 Scheibenbremsen 305 mm, hinten Scheibenbremse 285 mm, Räder: 17/17 Zoll; Radstand: 1.633 mm; Leergewicht: 378 kg.

K 1200 LT

»Die luxuriöse Reisemaschine K 1200 LT war teilweise in den USA entwickelt worden.«

»Richard Sainct konnte mit der F 650 RR zweimal die Rallye Paris–Dakar gewinnen.«

Neue Siege

| 1999 |

Die Siege von Hubert Auriol und Gaston Rahier bei der Rallye Paris-Dakar Anfang der 1980er-Jahre hatten das Image von BMW gestärkt und die R 80 G/S massiv beworben. Mit der Ankunft der Honda NXR 1986 endete jedoch die Vorherrschaft des Boxermotors, und in München erkannte man sofort, dass der Einsatz weiterer Werksteams sinnlos war. Die GS-Reihe entwickelte sich immer mehr in Richtung Straßenmotorrad, doch mit der Einführung der F 650 änderte sich die Situation – auch wenn man bei BMW anfangs nicht daran dachte, den Einstand des neuen Einzylinders in der Wüste zu feiern. Erst der ehemalige Motocross- und Endurofahrer Richard Schalber, der auf die Vorbereitung von Geländemaschinen umgestiegen war, entdeckte als Erster das Potenzial der F 650-Basis für den ernsthaften Einsatz bei Rallyes. Er baute zusätzliche Tanks unter die Sitzbank und entwarf weiteres notwendiges Equipment, um ab 1997 zusammen mit der Firma Touratech auch einen neuen Rahmen zu entwickeln, um die BMW-Werksfahrerin Andrea Mayer damit fahren zu lassen. Dank der guten Zusammenarbeit mit BMW wurde Schalber offiziell ins Dakar-Team des Werks aufgenommen, das mit vier Spitzenfahrern wieder an der Rallye teilnahm: Edi Orioli, Oscar Gallardo, Jean Brucy und Andrea Mayer. Aber die Ergebnisse waren aufgrund zahlreicher technischer Ausfälle enttäuschend. Schalber arbeitete hartnäckig an einem Aluminiumrahmen mit viereckigen Profilen, tunte den Motor auf bis zu 75 PS und engagierte den französischen Fahrer Richard Sainct für das jetzt F 650 RR genannte Motorrad. Das Schicksal meinte es diesmal gut, und Richard Sainct gewann das Rennen einige Minuten vor seinem Landsmann Thierry Magnaldi auf einer KTM. BMW hatte für die Rallye des Jahres 2000 auch die R 900 RR mit einem aufgrund der Regularien auf 900 cm³ verkleinerten Vierventil-Boxer (90 PS, 190 kg) von HPN vorbereiten und vom Amerikaner Jimmy Lewis an den Start bringen lassen, doch Richard Sainct gewann mit der F 650 RR auch diese Rallye vor seinem Teamkollegen Oscar Gallardo, ebenfalls auf einer 650er. Lewis kam mit dem Boxer als Dritter ins Ziel, gefolgt von Jean Brucy, wieder auf einer F 650 RR. Sainct wechselte 2001 zu KTM, und BMW setzte vier R 900 RR sowie eine F 650 RR (mit Andrea Mayer) ein, konnte aber nur die Plätze 5 und 6 (John Deacon und Jimmy Lewis) sowie 30 (Mayer) belegen. Für die Rallye 2002 wurde kein BMW-Team mehr genannt.

Erfolg
1999 konnte BMW dank Richard Sainct nach 14 Jahren endlich wieder die Paris-Dakar gewinnen. In dieser Anzeige wird Saincts zweiter Sieg im Jahr 2000 ausgiebig gefeiert.

F 650 GS

| 2000 |

Schickes Fluchtfahrzeug

»Wie weit willst du gehen?«, fragte Richard Sainct im Jahr 2000 in einer BMW-Werbung für die neue F 650 GS. In diesem Jahr hatte er zum zweiten Mal mit einer Einzylinder-BMW die berühmte Rallye Dakar gewonnen; zwei weitere F 650 RR waren mit den Fahrern Oscar Gallardo und Jean Bruce auf den Plätzen 2 und 4 gelandet – eine bessere Werbung hätte es für die neue Einzylinder-Generation nicht geben können. 1993 hatte die erste F 650 – Funduro genannt – nach 26-jähriger Unterbrechung die Rückkehr von BMW zum Einzylinder eingeleitet. Nachdem der Vertrag mit Aprilia ausgelaufen war, hatten die Münchener die vom Design der großen Schwester R 1100 GS inspirierte neue F 650-Baureihe in Berlin produzieren lassen und – erstmals bei einem Einzylinder-Motorrad – mit einer Einspritzanlage und einem Dreiwege-Katalysator ausrüsten lassen. Das neue Motorrad bot eine für Einzylinder bislang unbekannte Flexibilität und dennoch genug Leistung, um eine Höchstgeschwindigkeit von 180 km/h zu erreichen – ein für eine Enduro dieser Bauart bislang undenkbarer Wert. Andere technische Verfeinerungen betrafen ein innovatives ABS. Natürlich nutzte BMW seine Dominanz bei der Dakar-Rallye, um auch eine Version mit 21-Zoll-Vorderrad und längeren Federwegen zu präsentieren und diese Dakar zu nennen.

Ab 2007 wurde die F 650 GS durch die G 650 X abgelöst, erlebte jedoch 2009 ein Comeback und erfuhr 2012 eine leichte Überarbeitung, um als (in Brasilien gefertigte) Sertao-Version ein würdiges Erbe anzutreten.

Clever
Um den Schwerpunkt abzusenken, befand sich der Kraftstofftank der F 650 GS unter der Sitzbank.

F 650 GS (2000) Einzylinder-Viertaktmotor, wassergekühlt, 2 per Kette angetriebene obenliegende Nockenwellen, Tassenstößel, 4 hängende Ventile (DOHC), Hubraum: 652 cm³, Bohrung x Hub: 100 x 83 mm, Leistung: 50 PS bei 6.500/min, max. Drehmoment: 60 Nm bei 4.800/min, Einspritzung BMS-C II (43 mm), Mehrscheiben-Nasskupplung, 5-Ganggetriebe, Endantrieb über Kette, Stahlprofil-Brückenrahmen mit verschraubtem Unterzug, Federung vorn: Teleskopgabel, hinten Schwinge mit progressiv angelenktem Stoßdämpfer; Federwege vorn/hinten: 170/165 mm; Bremse vorn: Scheibenbremse 300 mm, hinten Scheibenbremse 240 mm, Räder: 19/17 Zoll; Radstand: 1.479 mm; Leergewicht: 193 kg.

F 650 GS

»Mit ihrem Einspritzungs-Einzylinder kannte die - F 650 GS keine Grenzen.«

C1

| 2000 |

Einspur-Auto

Nachdem bereits 1992 auf der IFMA in Köln eine Studie gezeigt worden war, begann die Vermarktung des BMW C 1 erst im Frühjahr 2000. Weil man in München immer auf der Suche nach neuen Konzepten war, hatte eine Befragung zum möglichen Umstieg auf Einspurfahrzeuge im Stadtverkehr ergeben, dass Laien darin eine hohe Gefahr, mangelnden Schutz bei schlechtem Wetter und die Notwendigkeit, einen Helm zu tragen, gesehen hatten, was besonders von Frauen abgelehnt wurde. Also entwickelte man einen völlig neuen Roller, der ohne Helm gefahren werden durfte und dem Fahrer passive Sicherheit bot, wie er sie bis heute auf keinem Motorrad erleben konnte. Eine umlaufende Struktur aus Aluminiumrohren formte eine Art Sicherheitszelle, die Drücken von bis zu zwei Tonnen widerstand. BMW war es gelungen, die Zulassungsbehörden in Deutschland und den meisten Exportnationen davon zu überzeugen, dass der C 1 ohne Helm, dafür mit zwei über Kreuz angelegten Sicherheitsgurten gefahren werden durfte. Unfallstudien hatten die Richtigkeit dieses Konzepts belegt. Der von Bertone in Italien montierte C 1 wurde von einem 15 PS starken 125er-Viertakt-Einzylindermotor der Firma Rotax angetrieben.

Weil das Gefährt beachtliche 185 kg wog und der Aufbau ihn nicht gerade windschnittig machte, war knapp über 100 km/h Schluss, zudem ließ er sich nicht so flink durch den Stadtverkehr lenken wie andere Scooter. Hatte man sich einmal an die etwas komplizierte Startprozedur mit von Hand einzuklappendem Ständer und dem Anlegen der Gurte gewöhnt (ohne Gurte war die Zündung blockiert), musste nur noch der ohne Helm beträchtliche Lärmpegel des Motors ertragen werden. Es gab auch einen Beifahrerplatz – hinter der »Fahrgastzelle« und mit Helmpflicht. Ab 2001 wurde der C 1 200 angeboten, dessen 176-cm³-Motor 18 PS leistete.

Zwiespalt
Der mit 125 und 176 cm³ Hubraum angebotene C 1 wurde von 2000 bis 2003 in 33.500 Exemplaren gebaut, fand aber trotz seines interessanten Konzepts nicht das erwartete Echo.

C 1 (2000) Einzylinder-Viertaktmotor, wassergekühlt, 2 per Kette angetriebene obenliegende Nockenwellen, Tassenstößel, 4 hängende Ventile (DOHC), Hubraum: 125 cm³, Bohrung x Hub: 56,4 x 50 mm, Leistung: 15 PS bei 9.250/min, max. Drehmoment: 12 Nm bei 6.500/min, Einspritzung BMS (30 mm), Fliehkraftkupplung, automatisches Riemengetriebe, zweistufiges Stirnradvorgelege, Space-Frame aus Alu-Segmenten, Federung vorn: Telelever, hinten Triebsatzschwinge mit Stoßdämpfer; Federwege vorn/hinten: 75/85 mm; Bremse vorn: Scheibenbremse 220 mm, hinten Scheibenbremse 220 mm, ABS, Räder: 13/12 Zoll; Radstand: 1.488 mm; Leergewicht: 185 kg.

C 1

»In der Stadt bot der C 1 die Effizienz eines Zweirads und die Sicherheit eines Automobils.«

»Die besten Rennfahrer der Welt hatten Spaß im Boxer Cup.«

Sport
Die ehemaligen Grand-Prix-Fahrer Luca Cadalora, Randy Mamola oder Kevin Schwantz fuhren 2000 und 2001 im Boxer Cup mit.

Boxen!

| 2000 |

Die 1999 erschienene R 1100 S setzte die Tradition der R 69 S und der R 90 S fort, indem sie als sportliches Motorrad ohne Kompromisse beim Fahrkomfort konzipiert war.

Die R 1100 S basierte grundsätzlich auf der R 1100 RS, im Motor befanden sich jedoch höher verdichtende Kolben und verstärkte Pleuel. Erstmals war ein Boxermotor mit einem Sechsganggetriebe ausgestattet. Der Lenkkopfträger und die Telelever-Gabel waren verstärkt worden, und neue Leichtmetallfelgen erlaubten die Montage aktueller Sportreifen. Während die R 1100 S zweifellos hohe Qualitäten insbesondere beim Fahrverhalten aufwies, die Motorleistung auf 98 PS gestiegen war und das Gewicht mit 229 kg relativ niedrig gehalten werden konnte, war sie auf der Rennstrecke gegen aktuelle Zweizylindermaschinen aus Italien und Japan konkurrenzlos.

Was lag da näher, als einen Markenpokal namens Boxer Cup zu organisieren, um dem Image der R 1100 S etwas Pep zu verpassen. Lediglich der Schalldämpfer, die Einspritzanlage und die Verkleidung durften verändert werden. Die ersten Rennen fanden im Beiprogramm nationaler Meisterschaften im Jahr 1999 in Frankreich und Belgien statt. Ab 2001 wurde der Boxer Cup international und als Eröffnungsveranstaltung bei prestigeträchtigen Ereignissen durchgeführt, darunter waren mehrere GP-Rennen, die 24 Stunden von Le Mans und der Bol d'Or. Unter den Teilnehmern waren ehemalige Superbike-Meister und GP-Fahrer wie Luca Cadalora, Kevin Schwantz oder Randy Mamola. BMW hatte attraktive Preise ausgeschrieben: Der Sieger bekam ein Z3 Coupé, der Zweite eine R 1150 R und der Dritte immerhin einen C 1 in der Williams-Edition. Erster internationaler Boxer-Cup-Meister wurde der Belgier Stéphane Mertens, Superbike-Vizeweltmeister von 1989. Die oben genannten berühmten Fahrer fuhren nicht in der gesamten Meisterschaft mit.

2002 nahmen mehr Fahrer denn je bei den weiterhin vor Grand-Prix-Rennen gestarteten Boxer Cups teil. Als ebenbürtige Cup-Partner konnten die Reifenmarke Metzeler, der Motoröl-Spezialist Castrol und der Uhrenhersteller Tissot gewonnen werden. Stéphane Mertens holte sich erneut den Pokal (und den ersten Preis). BMW legte von der R 1100 S eine »Boxer-Cup-Replika« mit Bugverkleidung, Carbon-Ventildeckeln und Sonderlackierung mit Sponsoren-Aufklebern sowie einem Autogramm von Randy Mamola auf. Ab 2005 wurde der Boxer Cup vom »Power Cup« mit der leistungsstarken K 1200 R abgelöst.

R 1150 GS Adventure

| 2002 |

Grenzenlos

Ein Mythos entsteht
Die R 1150 GS gab es ab 2002 erstmals auch als Adventure-Ableger mit größerem Tank, mehr Federweg und umfangreichem Ausstattungspaket. Ab 2006 wurde auch die R 1200 GS von einer Adventure-Variante begleitet (Bild unten).

Zu Beginn des 21. Jahrhunderts war das BMW-Programm umfangreicher denn je. Vom 125er-Autoroller bis zum Autobahn-Brenner K 1200 RS war für jeden etwas dabei. Langstreckenreisende konnten aus verschiedenen RT- und LT-Modellen wählen, und Weltreisende fanden im GS-Programm das richtige Motorrad. Mit der Vorstellung der R 1150 GS im Jahr 1999 wollte man den Erfolg von 115.000 GS-Modellen in 20 Jahren fortsetzen. Mithilfe um 2 mm vergrößerter Kolben waren 45 cm³ mehr Hubraum erreicht worden. Die Kurbelwelle kam von der R 1100 S und der größere Ölkühler von der R 1100 RT. Die Ventildeckel wurden jetzt aus einer Magnesium-Legierung gefertigt. Eine Bosch-Einspritzung vom Typ Motronic MA 2.4 bereitete das Gemisch auf und sorgte zusammen mit einem neuen Auspuff samt Katalysator dafür, dass nicht nur die Leistung um 5 auf 85 PS stieg, sondern auch der Drehmomentverlauf fülliger wurde, sodass zwischen 3.000 und 5.000/min etwa 20 Prozent mehr Durchzug geliefert wurde als bei der R 1100 GS. Im neuen Sechsganggetriebe war der letzte Gang als Overdrive ausgelegt. Auch die Telelever-Gabel war überarbeitet worden. Die R 1150 GS war weiterhin kein sehr leichtes Motorrad, und zwei Jahre später wurde die Adventure-Version dank eines 30-Liter-Tanks und umfangreicher Ausstattung ein echter Brocken. Mehr Federweg sorgte auch für mehr Sitzhöhe, sodass man mindestens 1,80 m groß sein sollte, um das Motorrad artgerecht zu bewegen. Wer es weit genug schaffte, konnte sogar ein Motorsteuerungs-Mapping für minderwertiges Benzin nutzen.

R 1150 GS Adventure (2002) Zweizylinder-Viertakt-Boxermotor, fahrtwind-/ölgekühlt, per Zwischenwelle und Ketten angetriebene halbhoch liegende Nockenwellen, Stößel, Kipphebel, je 4 hängende Ventile (HC), Hubraum: 1.130 cm³, Bohrung x Hub: 101 x 70,5 mm, Leistung: 85 PS bei 6.750/min, max. Drehmoment: 98 Nm bei 5.250/min, Motronic MA 2.4-Einspritzung (45 mm), Doppelzündung, Einscheiben-Trockenkupplung, 6-Ganggetriebe, Endantrieb über Kardan, Leichtmetall-Rahmenträger vorn, Stahlrohr-Heckrahmen, Federung vorn: Telelever, hinten Paralever-Einarmschwinge; Federwege vorn/hinten: 210/220 mm; Bremse vorn: 2 Scheibenbremsen 305 mm, hinten Scheibenbremse 276 mm, Räder: 19/17 Zoll; Radstand: 1.501 mm; Leergewicht: 253 kg.

R 1150 GS Adventure

»Die R 1150 GS wurde in der Adventure-Ausführung zu einem Mythos für grenzenloses Fahren.«

R 1200 GS

| 2004 |

Die Referenzmarke

Der gut etablierte Ruf der GS-Reihe sollte bei der Einführung des neuen Modells 2004 weiter verbessert werden. Als echte Referenz ebnete sie seit der Dakar-Variante den Weg für den zukünftigen Stil der großen Enduros. Honda war ihr mit der Africa Twin 750 gefolgt und setzte jetzt auf die große Varadero 1000. Die Yamaha Super Ténéré war seit fast zehn Jahren verschwunden, und Triumph hatte mit der Tiger begonnen, die GS-Dynamik nachzuahmen. Zu Beginn des neuen Jahrtausends waren große Enduros immer noch bedingt geländetauglich, aber vor allem für die Straße gebaut – und damit der Entwicklung des SUVs im Autobereich voraus. Alle Maschinen wogen weit über 200 kg und hatten mindestens zwei Zylinder. Leichtigkeit war nicht mehr gefragt …

Das hatten auch die für die neue GS verantwortlichen BMW-Ingenieure erkannt und bei der Entwicklung der hubraumstärksten Enduro aller Zeiten nicht nur auf mehr Leistung (plus 15 PS), sondern vor allem auf weniger Gewicht gesetzt – und minus 30 kg angegeben (tatsächlich waren es nur 13 kg). Damit stellte sich die R 1200 GS gegen ihre gesamte Konkurrenz, die ihr bisher nachgelaufen war. Trotz verstärkter Kurbelwelle und erstmals verwendeter Ausgleichswelle hatte der Motor 3 kg verloren. Hieran waren auch neue Zylinderköpfe (mit Doppelzündung) und ein erleichterter Ventiltrieb beteiligt. Das Sechsganggetriebe (jetzt ohne Overdrive) war 20 Prozent leichter, und auch die Auspuffanlage hatte 3 kg verloren.

Eine CAN-Bus-Elektronik sparte eine Menge Kupfer ein, und das neue Motorsteuergerät BMS-K reagierte noch schneller auf Befehle des Fahrers und Umgebungsbedingungen.

Am Fahrwerk wurde ebenfalls einiges geändert, Telelever und Paralever wurden verstärkt und der Lenkkopfträger bestand jetzt aus Stahlrohren. Durch

Sprung nach vorn
Die R 1200 GS war reaktionsfreudiger, leichter und unkomplizierter als die R 1150 GS, sodass auch anspruchsvolle Offroad-Etappen möglich waren.

R 1200 GS (2004) Zweizylinder-Viertakt-Boxermotor, fahrtwind-/ölgekühlt, per Zwischenwelle und Ketten angetriebene halbhoch liegende Nockenwellen, Stößel, Kipphebel, je 4 hängende Ventile (HC), Hubraum: 1.170 cm³, Bohrung x Hub: 101 x 73 mm, Leistung: 100 PS bei 7.000/min, max. Drehmoment: 115 Nm bei 5.500/min, BMS-K-Einspritzung (47 mm), Doppelzündung, Einscheiben-Trockenkupplung, 6-Ganggetriebe, Endantrieb über Kardan, Stahlrohr-Lenkkopfträger und -Heckrahmen, Federung vorn: Telelever, hinten Paralever-Einarmschwinge; Federwege vorn/hinten: 190/200 mm; Bremse vorn: 2 Scheibenbremsen 305 mm, hinten Scheibenbremse 265 mm, Räder: 19/17 Zoll; Radstand: 1.520 mm; Leergewicht: 230 kg.

R 1200 GS

»Niemals hatte die GS so viel Vorsprung vor der Konkurrenz.«

R 1200 GS

»Die R 1200 GS setzte wieder stärker auf agile Enduro und Spaß.«

eine Nachlauf-Verkürzung wurde der Radstand um 5 mm verkürzt, sodass trotz eines 20 mm schmaleren Lenkers eine gute Wendigkeit vorhanden war. Der Fahrer saß etwas weiter vorn und 30 mm tiefer als bei der 1150er, doch wie bei dieser war die Sitzhöhe verstellbar. Die Summe all dieser Modifikationen sorgte dafür, dass die R 1200 GS ab 2004 den Mitbewerbern um einiges voraus war.

Komfort
Trotz 3 mm mehr Hub war die R 1200 GS schmaler als die R 1150 GS. Komforteinbußen gab es auch nicht. Erstmals konnte eine GS optional mit Gussrädern bestellt werden.

K 1200 S

| 2005 |

Quer-K

Zwölf Jahre nach dem Kettenantrieb wurde bei BMW ein weiteres Alleinstellungsmerkmal aufgegeben. 22 Jahre nach der ersten Vierzylindermaschine wurde auch bei BMW die Kurbelwelle quer verlegt. Vier Jahre lang wurden Studien durchgeführt, dennoch war das Ergebnis im Unternehmen nicht unumstritten. Laut Geschäftsführer Ernst Baumann war die Entwicklung jedoch notwendig, um dem leichten Rückgang bei Motorrädern über 500 cm³ im neuen Jahrtausend zu begegnen. BMW hatte alle Ausrichtungen des Motors in Betracht gezogen und nichts dem Zufall überlassen. Seit Anfang der 1980er-Jahre war das Motorradprogramm immer mehr erweitert worden – und diese Dynamik sollte fortgesetzt werden.

Die K 1200 S symbolisierte dies perfekt, denn neben dem neu ausgerichteten Motor brach auch die von ihm gelieferte Leistung mit allen bekannten Werten: 167 PS! Damit stand man plötzlich in Konkurrenz zu Muskel-Bikes wie der Kawasaki ZXR 1200 oder der Suzuki Hayabusa 1300.

Einige Besonderheiten hatte die neue K 1200 S dennoch vorzuweisen: Zur Verbesserung des Schwerpunkts war die Zylinderbank um 55° nach vorn geneigt und die Ölwanne durch eine Trockensumpfschmierung mit dem Öltank im Rahmendreieck ersetzt worden. Dank zweier Ausgleichswellen lief der Motor auch bei hohen Drehzahlen äußerst sanft – immerhin 12.000/min sollten möglich sein. Der Ventilwinkel war auf 21° reduziert, und das Kassettengetriebe mit sechs Gängen leitete die Kraft auf eine links laufende Kardanwelle um. War die neue Einbaulage des Motors vor allem notwendig geworden, weil große Kolben in einem längs liegenden Triebwerk einfach nicht mehr untergebracht werden konnten, so standen dennoch beträchtliche 1.571 mm Radstand in den Daten. Trotz einer sportlichen Linie wurde viel Wert auf einen komfortablen Soziusplatz gelegt, und auch der Fahrer musste sich nicht sonderlich tief verbeugen. Der Windschutz der Vollverkleidung war hervorragend.

Natürlich war auch das Fahrgestell komplett neu konstruiert. Vorn an den fast waagerecht verlaufenden Aluprofilen des Rahmens saß eine mit zwei Längslenkern geführte Gabel namens Duolever. Der Brite Norman Hossack hatte diese Gabel in den 1980er-Jahren entwickelt, und BMW konnte wieder einmal eine neue Radaufhängung erstmals in Serie bringen. Die neue Gabel war leicht, extrem torsionsfest und verhinderte wie die Telelever das Eintauchen der Front beim Bremsen (die bei der Telelever benötigte Schwinge hätte bei der neuen K 1200 nicht untergebracht werden können).

Hightech
Die K 1200 S war die erste BMW mit der elektronischen Stoßdämpfer-Verstellung namens ESA, deren Stellmotoren sogar während der Fahrt nachjustiert werden konnten.

K 1200 S

»Die K 1200 S konnte mit ihrer atemberaubenden Kraft sämtliche Vorurteile über die angeblich traditionelle Marke vertreiben.«

Nach Enduros und Reisemaschinen wollte BMW auch ernsthafte Sportmotorräder bauen – auch wenn es für einen konkurrenzfähigen Vorstoß auf die Rennstrecke noch fünf Jahre dauern sollte. Immerhin stellte Andy Sills mit der K 1200 S auf dem Bonneville-Salzsee in Utah mit 328 km/h einen neuen Weltrekord für Serienmotorräder auf. Kurz nach der S erschien die unverkleidete K 1200 R als stärkstes Naked-Bike der Welt – unverzüglich wurde mit ihr der Power Cup (als Nachfolger des Boxer Cup) bestritten. 2007 konnte die K 1200 R Sport mit Halbverkleidung geordert werden, 2008 wurden die Quer-Vierlinge um 136 auf 1.293 cm³ vergrößert, sodass der Motor 10 PS mehr produzierte. 2009 kam der Tourensportler K 1300 GT hinzu. Zwei Jahre später sollte BMW das K-Konzept auf ganz andere Art erweitern …

K 1200 S (2005) Viertakt-Reihenvierzylinder, wassergekühlt, 2 per Kette angetriebene obenliegende Nockenwellen und Schlepphebel, je 4 hängende Ventile (DOHC), Hubraum: 1.157 cm³, Bohrung x Hub: 79 x 59 mm, Leistung: 167 PS bei 10.250/min, max. Drehmoment: 130 Nm bei 8.250/min, BMSK-Einspritzung (46 mm), Mehrscheiben-Nasskupplung, 6-Ganggetriebe, Endantrieb über Kardan, Aluprofil-Brückenrahmen, Federung vorn: Duolever, hinten Paralever; Federwege vorn/hinten: 115/135 mm; Bremse vorn: 2 Scheibenbremsen 320 mm, hinten Scheibenbremse 265 mm, Räder: 17/17 Zoll; Radstand: 1.571 mm; Leergewicht: 248 kg.

K 1200 et K 1300

»2008 erschien mit der K 1300 das hubraumstärkste BMW-Vierzylinder-Motorrad.«

R 1200 RT

| 2005 |

Langstrecken-Boxer

Nach den Erfolgen des Reise-Tourers R 1100 RT, der 2001 zur R 1150 RT mutiert war, wurde der neu entwickelte 1200er-Boxer 2005 auch in der neuen RT verwendet. Vor allem mit der Yamaha FJR 1300 war ab 2001 ernsthafte Konkurrenz entstanden. Weil BMW seine Position behaupten wollte, hatte man die im November vorgestellte Maschine mühsam um 20 kg abgespeckt und gleichzeitig 15 PS draufgelegt, um so erstmals beim Boxer die 100-PS-Schallmauer zu knacken. Damit die sehr hohe Verdichtung von 12 zu 1 nicht zu unangenehmen Vibrationen führte, besaß der Motor eine Ausgleichswelle. Ein neues Getriebe mit schrägverzahnten Zahnrädern verbesserte den Gangwechsel und verringerte die Geräuschentwicklung. Gegen Aufpreis gab es das während der Fahrt elektronisch verstellbare Fahrwerk (ESA – Electronic Suspension Adjustment) und eine Antischlupf-Regelung (ASC). Gewicht konnte beim Telelever, beim Paralever, bei der Verkleidung und bei der Bordelektrik eingespart werden. Die Sitzbank war weiterhin in der Höhe verstellbar, die Windschutzscheibe weiterhin elektrisch justierbar. Die neue RT war die erste Boxer-BMW, deren Hinterrad einen 180er-Reifen trug.

Handlichkeit
Gegenüber der R 1150 RT war die R 1200 RT um 20 kg abgespeckt worden, damit auch lange Reisen auf kurvigen Strecken Spaß machten.

R 1200 RT (2005) Zweizylinder-Viertakt-Boxermotor, fahrtwind-/ölgekühlt, per Zwischenwelle und Ketten angetriebene halbhoch liegende Nockenwellen, Stößel, Kipphebel, je 4 hängende Ventile (HC), Hubraum: 1.170 cm³, Bohrung x Hub: 101 x 73 mm, Leistung: 110 PS bei 7.500/min, max. Drehmoment: 100 Nm bei 5.500/min, BMS-K-Einspritzung (47 mm), Doppelzündung, Einscheiben-Trockenkupplung, 6-Ganggetriebe, Endantrieb über Kardan, Stahlrohr-Lenkkopfträger und -Heckrahmen, Federung vorn: Telelever, hinten Paralever-Einarmschwinge; Federwege vorn/hinten: 120/135 mm; Bremse vorn: 2 Scheibenbremsen 320 mm, hinten Scheibenbremse 265 mm, Räder: 17/17 Zoll; Radstand: 1.485 mm; Leergewicht: 259 kg (ohne Koffer).

R 1200 RT

»Die R 1200 RT war das meistverkaufte Reisemotorrad.«

K 1200 GT

| 2006 |

Das richtige Maß?

Der Vorteil eines umfangreichen Modellprogramms ist, dass man auch zwischen einer Luxus-Reisemaschine wie der K 1200 LT und einem Reisesportler wie der K 1200 RS eine Lücke finden und füllen kann – zum Beispiel mit einer Gran Turismo (GT). Das hat bereits bei der alten K-Reihe mit Längsmotor ab 2002 gut funktioniert. Die meisten ihrer Bauteile waren von der K 1200 RS übernommen worden, und auch der 130 PS starke Motor (für Deutschland und Frankreich gab es auch 98-PS-Versionen) war unverändert geblieben. Das sanft laufende und durchzugsstarke Triebwerk hatte den Vorteil, in Motorrädern mit den unterschiedlichsten Ansprüchen eingesetzt werden zu können. Das Getriebe, den Brückenrahmen und die Telelever- sowie Paralever-Radaufhängungen fanden sich ebenso unverändert an der GT. Die einzigen Unterschiede waren an der Verkleidung, den Bedienelementen, der Sitzbank und der Ausstattung auszumachen. Diese erste K 1200 GT-Generation des Typs K 41 fand in drei Jahren knapp über 10.000 Käufer.

Zwei Jahre nach der neuen K 1200 S mit quer sitzendem Motor wurde das Spiel wiederholt – nur gab es von dieser Baureihe keine LT-Variante. Die große Fahrt konnte jetzt mit 152 PS angetreten werden, und der neue Typ K 44 wog sogar noch 18 kg weniger als die K 41 (konnte dafür aber fast 40 kg mehr zuladen). Eine elektrisch verstellbare Windschutzscheibe, Koffer und Integral-ABS waren serienmäßig an Bord, die elektronische Fahrwerkeinstellung ESA, eine Traktionskontrolle, Xenon-Licht und ein Topcase waren als Zubehör erhältlich. Die GT hatte als leistungsstarkeund komfortable Reisemaschine diesen Namen verdient und glänzte auf Landstraße wie Autobahn. Ab 2008 wurde sie wie die S und die R auf knapp 1.300 cm³ Hubraum erweitert und entwickelte 160 PS. Seinerzeit konnte kein anderer Hersteller ein vergleichbares Motorrad anbieten.

Geschärft
Die K 1200 GT der zweiten Generation basierte technisch (Motor, Rahmen, Radaufhängungen) weitgehend auf der K 1200 S.

K 1200 GT (2006) Viertakt-Reihenvierzylinder, wassergekühlt, 2 per Kette angetriebene obenliegende Nockenwellen und Schlepphebel, je 4 hängende Ventile (DOHC), Hubraum: 1.157 cm³, Bohrung x Hub: 79 x 59 mm, Leistung: 152 PS bei 10.250/min, max. Drehmoment: 130 Nm bei 7.750/min, BMSK-Einspritzung (46 mm), Mehrscheiben-Nasskupplung, 6-Ganggetriebe, Endantrieb über Kardan, Aluprofil-Brückenrahmen, Federung vorn: Duolever, hinten Paralever; Federwege vorn/hinten: 115/135 mm; Bremse vorn: 2 Scheibenbremsen 320 mm, hinten Scheibenbremse 294 mm, Räder: 17/17 Zoll; Radstand: 1.571 mm; Leergewicht: 282 kg.

K 1200 GT

»Zu Beginn des 21. Jahrhunderts zeichnete sich eine Ära großer kraftvoller GT-Maschinen ab.«

F 800 ST

| 2006 |

Neuer Twin

Die parallel als sportliche F 800 S und reisetaugliche F 800 ST vorgestellten Motorräder eröffneten bei BMW eine völlig neue Programmlinie. Der erste Buchstabe eines Modells bezeichnet grundsätzlich (meistens) den Aufbau des Motors: alle Boxer-Modelle (und Einzylinder bis 1966) beginnen mit einem R, alle Modelle mit mehr als zwei Zylindern mit einem K und Einzylindermodelle mit quer liegender Kurbelwelle trugen ein F. Ab 2006 wurde nun das F auf Modelle mit quer liegender Kurbelwelle und nicht mehr als zwei Zylindern erweitert, denn die F 800 wurde von einem nagelneuen Parallel-Twin angetrieben, dessen Zylinder um 30° nach vorn geneigt waren. Wasserkühlung, DOHC und acht Ventile waren inzwischen Standard, doch ein durch ein drittes Pleuel unter der Kurbelwelle oszillierendes Pendelgewicht als Massenausgleich für die parallel laufenden Kolben war etwas Besonderes und schluckte weniger Energie als Ausgleichswellen. Die gleichmäßige, weil um 360° versetzte Zündfolge sorgte dafür, dass sich der neue von Rotax gebaute Motor ähnlich wie ein mit gleicher Zündfolge arbeitender Boxermotor anhörte. Die 85 PS bei 8.000/min sowie die 86 Nm bei 5.800/min boten genügend Charakter, damit sich niemand langweilen musste. Notfalls konnte man mit 1.500/min und 40 km/h im sechsten Gang durch eine Ortschaft zuckeln und das Gas wieder gemütlich aufziehen, um bis zur Höchstgeschwindigkeit von 225 km/h durchzubeschleunigen. Die Kraftübertragung aufs Hinterrad übernahm dabei ein sauberer und wartungsarmer Zahnriemen, der zudem sehr leise lief.

Den Riemen hatte BMW erstmals bei der 2002 vorgestellten F 650 CS Scarver verwendet, und er musste nur alle 10.000 km kontrolliert werden; Laufleistungen von über 40.000 km waren keine Seltenheit. Wie bei der zweiten F 650-Generation, befand sich auch bei der F 800 der Tank unter der Sitzbank, sodass der Tankdeckel rechts unter dem Rücksitz herausragte. Weil sich unter der traditionellen Tankverkleidung hauptsächlich der Luftfilter versteckte, konnte so der Schwerpunkt und damit das Handling verbessert werden; zudem war ohne Einbußen bei der Reichweite eine schmale Taille möglich.

Um das Gewicht und den Platzbedarf zu optimieren, trug der Motor zur Steifigkeit des Alu-Brückenrahmens bei. Das Vorderrad wurde in einer traditionellen Telegabel geführt, während das Hinterrad an einer Leichtmetall-Einarmschwinge montiert war, die sich über ein Zentralfederbein gegen den Rahmen abstützte. Ein Zweikanal-ABS konnte neben anderen Optionen als Extra bestellt werden.

Universalmotorrad
Die F 800 ST war ein Mittelklasse-Motorrad mit echten Reise- und Alltagseigenschaften – erkennbar am serienmäßigen Gepäckträger.

F 800 ST

»Unter der seriösen Optik steckte die F 800 ST voller ungewöhnlicher technischer Lösungen.«

F800ST

Sowohl die vollverkleidete ST als auch die etwas sportlicher ausgelegte F 800 S mit Halbverkleidung (unten in Gelb abgebildet) sollten auch Neu- oder Wiedereinsteiger ansprechen – und erreichten diese dank eines simplen Umgangs, einfacher Wartung und eines (für BMW-Verhältnisse) günstigen Preises auch. Ihre einzigartige Technik und ihr gutes Fahrverhalten sprach aber auch alte Hasen an, die erkannt hatten, dass Motorräder nicht immer stärker, schneller und schwerer sein mussten, um damit Spaß zu haben. Auf Basis der F 800 entstanden bald auch eine nackte R-Version und eine Enduro.

F 800 ST

»Die ST für die längere Reise, die S für mehr Sport – und beide für großen Spaß. Die F 800-Modelle bildeten ein bis heute solides Standbein im BMW-Programm.«

F 800 ST (2006) Zweizylinder-Viertakt-Reihenmotor, wassergekühlt, 2 per Kette angetriebene obenliegende Nockenwellen, Schlepphebel, je 4 hängende Ventile (DOHC), Hubraum: 798 cm³, Bohrung x Hub: 82 x 75,6 mm, Leistung: 85 PS bei 8.000/min, max. Drehmoment: 86 Nm bei 5.800/min, Einspritzung BMS-K (46 mm), Mehrscheiben-Nasskupplung, 6-Ganggetriebe, Endantrieb über Zahnriemen, Aluprofil-Brückenrahmen, Motor mittragend, Federung vorn: Teleskopgabel, hinten Einarmschwinge mit Zentralfederbein; Federwege vorn/hinten: 140/140 mm; Bremse vorn: 2 Scheibenbremsen 320 mm, hinten Scheibenbremse 265 mm, Räder: 17/17 Zoll; Radstand: 1.466 mm; Leergewicht: 209 kg.

HP2 Sport

| 2008 |

High Performance

HP2 Sport
Als drittes Modell der High-Performance-Reihe profitiert die HP2 Sport von zahlreichen Carbonteilen und einem wirklich außergewöhnlichen Finish.

HP2 Megamoto
High Performance zum Zweiten: Die 1200er-Megamoto stellte eine neue Supermoto-Dimension dar.

HP2 Enduro
Das erste Motorrad der HP-Baureihe brauchte noch keinen Beinamen und war eine ernst zu nehmende Sport-Enduro.

Mitte der Nullerjahre verfolgte BMW mit Entschlossenheit eine Image-Verjüngungskur und stellte dazu eine Boxer-Baureihe vor, die als High-Performance-Zweizylinder – kurz: HP2 – vermarktet wurde. Es begann 2006 mit einer schlicht HP2 getauften Sport-Enduro, die mit ihrem getunten GS-Motor nicht ganz zufällig der bis 2001 bei der Rallye Paris-Dakar eingesetzten R 900 RR ähnlich sah, stammte der einteilige Gitterrohrrahmen doch von deren Erbauer HPN. Für genügend Federweg wurde das jetzt 21 Zoll große Vorderrad in einer Upsidedown-Telegabel geführt. Die 30 mm verlängerte Paralever-Hinterradaufhängung wurde mit einem Luft-Stoßdämpfer abgestützt. Das Ergebnis wog 196 kg und war weder mit ABS noch Koffern ausrüstbar. Stunt-Legende Christian Pfeiffer trieb eine HP2 bis auf den Gipfel des legendären Erzbergs.

Die zweite HP2 erschien 2007 als Über-Supermoto und wurde dementsprechend Megamoto genannt. Gegenüber der Enduro war dank erhöhter Verdichtung die Leistung von 105 auf 113 PS gestiegen. Hinten arbeitete jetzt ein voll einstellbarer Hydraulik-Stoßdämpfer. Auch diese Maschine wurde auf einen Gipfel getrieben – 2007 von Gary Trachy auf den Pikes Peak.

Den vorläufigen Höhepunkt stellte ab 2008 die HP2 Sport dar. »Die Idee, ein Rennmotorrad mit einem Boxermotor zu bauen, entstand 2006«, erklärte Josef Mächler, Leiter des HP2-Sport-Projekts dem französischen *Moto Journal*. »Erst Anfang 2007 legten wir fest, dass der Langstrecken-Boxer auch eine Straßenzulassung bekommen sollte.«

Die aus der R 1200 S abgeleitete HP2 Sport wurde von Markus Barth, Thomas Hinterreiter und Rico Penzkofer 2007 bei den 24 Stunden von Le Mans eingesetzt. Von der Serien-R 1200 S übernahm die HP2 Sport den Gitterrohrrahmen aus Stahl, die Telelever- und Paralever-Radaufhängungen und den Grundaufbau des Motors. Die Zylinderköpfe waren allerdings völlig neu entwickelt worden: zwei obenliegende Nockenwellen öffneten über Schlepphebel vier radial angeordnete Ventile, sodass höhere Drehzahlen möglich wurden und das Triebwerk jetzt 130 PS bei 8.750/min leistete (R 1200 S: 122 PS bei 8.250/min).

HP2 Sport (2008) Zweizylinder-Viertakt-Boxermotor, fahrtwind-/ölgekühlt, je zwei per Zwischenwelle und Ketten angetriebene obenliegende Nockenwellen, Schlepphebel, je 4 radial hängende Ventile (DOHC), Hubraum: 1.170 cm³, Bohrung x Hub: 101 x 73 mm, Leistung: 130 PS bei 8.750/min, max. Drehmoment: 115 Nm bei 6.000/min, BMS-K-Einspritzung (52 mm), Einscheiben-Trockenkupplung, 6-Ganggetriebe, Endantrieb über Kardan, Stahlrohr-Gitterrohrrahmen, Federung vorn: Telelever, hinten Paralever-Einarmschwinge; Federwege vorn/hinten: 105/120 mm; Bremse vorn: 2 Scheibenbremsen 320 mm, hinten Scheibenbremse 265 mm, Räder: 17/17 Zoll; Radstand: 1.487 mm; Leergewicht: 199 kg.

HP2 Sport, Megamoto, Enduro

»Drei Motorräder, gleiche DNA: der Sport.«

G 650 X

| 2007 |

Spaß in Facetten

Xcountry
Oben lässt sich das Aktionspotenzial der Enduro-Version G 650 Xcountry erahnen.

Xmoto
Links unten wird die Supermoto-Variante Xmoto artgerecht durch Serpentinen bewegt.

Xchallenge
Die Scrambler-Ausführung Xcountry kommt der alten F 650 noch am nächsten (rechts unten).

Zur Erweiterung des Angebots und um ein neues Publikum mit Nischenprodukten anzusprechen, stellte BMW 2007 drei Einzylindermodelle mit identischer Basis, aber sehr unterschiedlichen Verwendungszwecken vor. So entstanden der (durchaus geländegängige) Scrambler G 650 Xcountry, die ernst zu nehmende Enduro namens Xchallenge und eine Supermoto mit der Bezeichnung Xmoto. Alle Modelle wurden wieder von Aprilia gebaut, die Motoren stammten weiterhin von Rotax. Das Leitmotiv von BMW war, erschwingliche Motorräder mit geringem Gewicht und moderater Leistung anzubieten, also einen ehrlichen Einzylinder mit Charakter, der jungen Leuten Spaß bereiten konnte. Das seit 14 Jahren bewährte Triebwerk war immerhin um 3 PS stärker geworden. Das Hinterrad aller Versionen wurde per Kette angetrieben, und der identische Stahlrohr-Brückenrahmen war mit einem angeschraubten Heck aus Aluminium versehen. Zur Zentrierung der Massen war der jetzt nur noch 9,5 Liter fassende Tank wieder unter der Sitzbank untergebracht.

Die Upsidedown-Gabel mit 45 mm Tauchrohr-Durchmesser wies bei der Xchallenge und der Xmoto 270 mm Federweg auf, bei der Xcountry waren es 30 mm weniger. Alle Modelle waren entsprechend ihrer Einsatzzwecke mit unterschiedlich großen Rädern ausgerüstet (Xchallenge: 21/18 Zoll; Xcountry: 19/17 Zoll; Xmoto: 17/17 Zoll). ABS war optional erhältlich – bei solchen Motorrädern damals nicht üblich. BMW-typisch lagen die Preise zunächst recht hoch, doch dank des ab 2008 vom chinesischen Hersteller Loncin zugelieferten Motors konnte er beträchtlich gesenkt werden.

G650 Xcountry (2007) Einzylinder-Viertaktmotor, wassergekühlt, 2 per Kette angetriebene obenliegende Nockenwellen, Tassenstößel, 4 hängende Ventile (DOHC), Hubraum: 652 cm³, Bohrung x Hub: 100 x 83 mm, Leistung: 53 PS bei 7.000/min, max. Drehmoment: 60 Nm bei 5.250/min, Einspritzung BMS-C II (43 mm), Mehrscheiben-Nasskupplung, 5-Ganggetriebe, Endantrieb über Kette, Stahlprofil-Brückenrahmen mit verschraubtem Unterzug und Aluminium-Heck, Federung vorn: Upsidedown-Telegabel, hinten Schwinge mit progressiv angelenktem Stoßdämpfer; Federwege vorn/hinten: 240/210 mm; Bremse vorn: Scheibenbremse 300 mm, hinten Scheibenbremse 240 mm, Räder: 19/17 Zoll; Radstand: 1.498 mm; Leergewicht: 160 kg.

Xcountry, Xmoto, Xchallenge

»Ein Einzylinder in drei Geschmacksrichtungen.«

R 1200 R

| 2007 |

Elementar-Roadster

Der seit 2004 aus der GS bekannte neue Boxermotor wurde Ende 2006 auch in die neue R 1200 R verpflanzt, wo er mit höherer Verdichtung 109 PS produzierte – 28 Prozent mehr als sein Vorgänger. Zusammen mit einer fülligen Drehmomentkurve hatte das neue Triebwerk mit dem um 15 kg erleichterten Motorrad leichtes Spiel. Ein Teil der Gewichtsersparnis war allerdings einem verkleinerten Tank und dem nur noch gegen Aufpreis erhältlichen Hauptständer zu verdanken. Das Getriebe stammte aus der R 1200 RT, und die Antriebseinheit hing als tragendes Teil in zwei aus Stahlrohren bestehenden Rahmensegmenten. Der Längslenker der Telelever-Vorderradaufhängung war nicht mehr wie sein Vorgänger »organisch« (mit Speiche und Elle), sondern technisch einfach geformt. Die Paralever-Hinterradaufhängung mit der oben verlaufenden Drehmomentstütze und dem großen Loch im Endantrieb war bei den 1200er-Boxern Standard.

Ende 2010 erhielt die R 1200 R den bereits aus der GS und der RT bekannten 1200er-Motor mit je zwei obenliegenden Nockenwellen. Eine Classic genannte Version wurde unter anderem mit Drahtspeichenrädern ausgerüstet. Ihr schwarz lackiertes Metallkleid war mit einer zentral über den Tank und den Vorderradkotflügel verlaufenden Zierlinie versehen, um an den traditionellen BMW-Stil zu erinnern. Hiermit kontrastierte die moderne Technik mit immer mehr Elektronik, darunter auch die optional erhältliche Fahrwerksverstellung ESA.

À la carte
Mit zahlreichen ab Werk erhältlichen Extras konnte die R 1200 R von ihrem Besitzer individualisiert werden.

R 1200 R (2007) Zweizylinder-Viertakt-Boxermotor, fahrtwind-/ölgekühlt, per Zwischenwelle und Ketten angetriebene halbhoch liegende Nockenwellen, Stößel, Kipphebel, je 4 hängende Ventile (HC), Hubraum: 1.170 cm³, Bohrung x Hub: 101 x 73 mm, Leistung: 109 PS bei 7.500/min, max. Drehmoment: 115 Nm bei 6.000/min, BMS-K-Einspritzung (47 mm), Doppelzündung, Einscheiben-Trockenkupplung, 6-Ganggetriebe, Endantrieb über Kardan, Stahlrohr-Lenkkopfträger und -Heckrahmen, Federung vorn: Telelever, hinten Paralever-Einarmschwinge; Federwege vorn/hinten: 120/140 mm; Bremse vorn: 2 Scheibenbremsen 320 mm, hinten Scheibenbremse 265 mm, Räder: 17/17 Zoll; Radstand: 1.495 mm; Leergewicht: 223 kg.

R 1200 R

»Das verringerte Gewicht steigerte die Qualitäten des Boxers.«

F 800 GS

| 2008 |

Extrem vielseitig

Bei der Vorstellung im Februar 2008 wurde erklärt, dass im Lastenheft der F 800 GS fünf Punkte gestanden hätten: Reisetauglichkeit, Geländegängigkeit, geringes Gewicht, ein Parallel-Twin mit guten Leistungs- und Drehmomentkurven und ein vielseitiges Chassis. Ganz nebenbei sollte der Lückenfüller zwischen der R 1200 GS und der F 650 GS natürlich auch noch gut aussehen. Laut BMW war die neue Mittelklasse-Enduro konkurrenzlos. Der durchzugsstarke Motor der F 800 GS stammte aus den 2006 vorgestellten Straßenmodellen F 800 S/ST, hing jetzt aber in einem Gitterrohrrahmen aus Stahl und trieb per Kette das Hinterrad an. Das 21 Zoll große Vorderrad wurde in einer Upsidedown-Gabel geführt. Der Tank war wieder unter der Sitzbank untergebracht. Neben der F 800 GS wurde auch die neue F 650 GS vorgestellt – die eine F 800 GS mit 19-Zoll-Vorderrad, konventioneller Gabel, weniger Federweg und um 14 PS gedrosseltem Motor war. Geringeres Gewicht, eine niedrigere Sitzbank und ein Preisnachlass von fast 2.000 € sollten sie für Einsteiger interessant machen. Die F 800 GS wurde mit diversen Modifikationen bis 2018 gebaut, die F 650 GS wurde bereits 2012 von der F 700 abgelöst, die ebenfalls weiterhin 800 cm³ Hubraum aufwies.

Twin
Die F 800 GS bot sowohl auf der Straße wie auch im Gelände hohen Komfort. Der Antrieb wurde von einer Kette übernommen. Das »schwache Geschlecht« musste mit der blauen F 650 GS vorliebnehmen.

F 800 GS (2008) Zweizylinder-Viertakt-Reihenmotor, wassergekühlt, 2 per Kette angetriebene obenliegende Nockenwellen, Schlepphebel, je 4 hängende Ventile (DOHC), Hubraum: 798 cm³, Bohrung x Hub: 82 x 75,6 mm, Leistung: 85 PS bei 8.000/min, max. Drehmoment: 83 Nm bei 5.750/min, Einspritzung BMS-K (46 mm), Mehrscheiben-Nasskupplung, 6-Ganggetriebe, Endantrieb über Kette, Gitterrohrrahmen aus Stahl, Motor mittragend, Federung vorn: Upsidedown-Gabel, hinten Zweiarmschwinge mit Zentralfederbein; Federwege vorn/hinten: 230/215 mm; Bremse vorn: 2 Scheibenbremsen 300 mm, hinten Scheibenbremse 265 mm, Räder: 21/17 Zoll; Radstand: 1.578 mm; Leergewicht: 207 kg.

F 800 GS

»Die F 800 GS profitierte vom kompakten Parallel-Twin und machte im Gelände eine gute Figur.«

G 450 X

| 2008 |

Innovativ-Enduro

Die 2000er-Jahre waren bei BMW geprägt vom Wunsch nach mehr Sportlichkeit und dadurch der Verjüngung des Marken-Images. Kurz nach der Premiere der S 1000 RR und dem Einstieg in die Superbike-WM lüfteten die bayerischen Konstrukteure den Schleier der G 450 X – der vermeintlich ersten wettbewerbstauglichen Gelände-BMW (dass Rudolf Schleicher mit der R 37 bereits 1926 die erste Goldmedaille bei den International Six Days Trial [ISDT] im englischen Buxton gewonnen hatte und viele weitere Erfolge gefeiert wurden, war ihnen wahrscheinlich entfallen). Eigentlich markierte die G 450 X für BMW also ein Heimspiel.

Um nicht die gleichen Wege einzuschlagen wie der Rest der Welt, hatte man sich bei BMW wieder einmal etwas Neues ausgedacht. Dies bestätigte auch Markus Theobald, der als Ingenieur bereits an der HP2 gearbeitet hatte: »Wir haben mit dem Projekt G 450 X im Jahr 2005 begonnen und hofften, damit bald an Wettbewerben teilzunehmen, vergaßen aber auch nicht, zukünftige Umweltgesetze einzubeziehen. Zwar wollten wir technisch herausragen, kamen nach einigen Recherchen aber zu dem Entschluss, dass die Gestaltungsfreiheit an einer Geländemaschine eher übersichtlich ist.« Dennoch präsentierte die G 450 X einige Innovationen. Am auffälligsten war die Position der Schwingenachse direkt über dem Motorritzel – ein Trick, damit sich die Kettenspannung beim Ein- und Ausfedern des Hinterrads nicht verändert.

Die Kupplung saß direkt auf der Kurbelwelle, sodass der Motor etwas nach vorn gekippt werden konnte, um das Fahrzeug kompakt zu halten. Der 8 Liter fassende Tank war im Rahmenheck untergebracht. Mithilfe eines unter der Verkleidung sitzenden Steckers konnte die Leistung des von Kymco in Taiwan hergestellten Motors von Euro-3-konformen 41 PS auf 51,7 PS gesteigert werden. Der Finne Juha Salminen wurde 2009 Enduro-Vizeweltmeister in der Kategorie E2. Weil BMW inzwischen Eigentümer des Geländesport-Spezialisten Husqvarna geworden war, wurde in München der Endurosport ab 2010 nicht weiter verfolgt.

Offroad
Mit der G 450 X unternahm BMW erstmals einen Ausflug in die Welt der Wettbewerbs-Enduros.

G 450 X (2007) Einzylinder-Viertaktmotor, wassergekühlt, 2 per Kette angetriebene obenliegende Nockenwellen, Schlepphebel (Einlass), Tassenstößel (Auslass), 4 hängende Ventile (DOHC), Hubraum: 449,5 cm³, Bohrung x Hub: 98 x 59,6 mm, Leistung: 41 PS bei 7.000/min (51,7 PS bei 9.000/min), max. Drehmoment: 43 Nm bei 6.500/min (44 Nm bei 7.800/min), Einspritzung, Mehrscheiben-Nasskupplung, 5-Ganggetriebe, Endantrieb über Kette, Stahlrohr-Brückenrahmen mit verschraubtem Aluminium-Heck, Federung vorn: Upsidedown-Telegabel (45 mm), hinten Schwinge mit Mono-Stoßdämpfer; Federwege vorn/hinten: 300/320 mm; Bremse vorn: Scheibenbremse 260 mm, hinten Scheibenbremse 220 mm, Räder: 21/18 Zoll; Radstand: 1.475 mm; Leergewicht: 121 kg.

G 450 X

»Eine Wett-bewerbs-Enduro markierte die Rückkehr von BMW ins Gelände.«

F 800 R

| 2009 |

R wie Roadster

Eine F 800 R war von vielen nach der ST und der S einfach erwartet worden. In ganz Europa waren unverkleidete Motorräder der mittleren Hubraumklassen immer beliebter geworden, und der neue BMW-Parallel-Twin hatte sich als durchaus standfest erwiesen. Nachdem der vierfache Stunt-Weltmeister Chris Pfeiffer mit einer umgebauten F 800 S unglaubliche Kunststücke vorgeführt hatte, stand auch fest, welches Erscheinungsbild die zukünftige F 800 R haben sollte. Drei Jahre nach den ersten 800er-Modellen wurde im Mai 2009 schließlich die F 800 R vorgestellt. Und BMW hatte die Partnerschaft mit seinem Stuntfahrer genutzt, jüngere Menschen anzusprechen und im September 2009 auch eine Chris-Pfeiffer-Edition des Modells anzubieten, deren erstes Exemplar von Pfeiffer persönlich vom Montageband in Berlin gefahren wurde. Auch die normale F 800 R konnte ihre Besitzer mit der Fähigkeit verführen, einen fröhlichen Charakter mit sicherem Fahrverhalten zu verbinden. Sie war weniger aggressiv als manche Konkurrenten und bot einen Komfort, der auch für den täglichen Einsatz oder längere Fahrten ausgelegt war.

Die F 800 R wurde 2012 leicht geliftet und zwei Jahre später mit einer Upsidedown-Gabel und einer neuen Optik komplett überarbeitet; auch die asymmetrischen Scheinwerfer wurde durch eine dreieckige einteilige Version ersetzt. Die Motorleistung wurde um 5 auf 90 PS angehoben.

Mit der optional erhältlichen elektronischen Fahrwerkeinstellung ESA hatte die F 800 R in dieser Hubraumklasse ein Alleinstellungsmerkmal.

Evolution Die erste Version der F 800 R wurde 2009 vorgestellt. Ihr Design war von der F 800 S inspiriert, die Stuntfahrer Chris Pfeiffer umgebaut hatte. 2014 wurde die F 800 R vor allem optisch überarbeitet (unten).

F 800 R (2009) Zweizylinder-Viertakt-Reihenmotor, wassergekühlt, 2 per Kette angetriebene obenliegende Nockenwellen, Schlepphebel, je 4 hängende Ventile (DOHC), Hubraum: 798 cm³, Bohrung x Hub: 82 x 75,6 mm, Leistung: 90 PS bei 8.000/min, max. Drehmoment: 83 Nm bei 6.000/min, Einspritzung BMS-K (46 mm), Mehrscheiben-Nasskupplung, 6-Ganggetriebe, Endantrieb über Kette, Aluminium-Brückenrahmen, Motor mittragend, Federung vorn: Telegabel (45 mm), hinten Zweiarmschwinge mit Zentralfederbein; Bremse vorn: 2 Scheibenbremsen 320 mm, hinten Scheibenbremse 265 mm, Räder: 17/17 Zoll; Leergewicht: 199 kg.

F 800 R

»Mit der F 800 R konnte BMW ein erschwingliches und leistungsstarkes Motorrad anbieten, das perfekt zum Zeitgeist passte.«

Kapitel 6

GESCHICHTE

Kraft und Jugend

2009 › 2018

Big Boss
Stephan Schaller leitete von 2012 bis 2018 das Schicksal von BMW Motorrad. Er war unter anderem auch Präsident des europäischen Motorradherstellerverbandes.

Ende der 1990er-Jahre war bei BMW beschlossen worden, das traditionelle Image abzuschütteln. Die 2000er-Jahre zeichneten sich durch eine progressive Modellpolitik und die Ausweitung des Sortiments mit kleineren Modellen aus. Die Boxer-Modelle waren immer größer und raffinierter geworden, und die alten K-Modelle mit längs liegendem Vierzylindermotor waren leistungsstarken Nachfolgern mit quer montiertem Motor gewichen, doch diese Modernisierungen betrafen vorwiegend die Oberklasse, ohne dass dadurch das Markenimage jünger wurde.

BMW holte 2010 mit einem großen Schlag aus und präsentierte das Superbike S 1000 RR, dessen Reihenvierzylinder 193 PS bei 13.000/min leistete. Diese atemberaubende Leistung bewies, dass man in München technisch auf dem neuesten Stand sein konnte, wenn man wollte. Natürlich nahm BMW auch an der Superbike-WM teil. Bereits im ersten Jahr konnte Troy Corser zweimal mit der S 1000 RR einen Platz auf dem Podium erringen. Im mit Serienmotorrädern bestrittenen FIM-Superstock-1000-Cup konnte der Italiener Ayrton Badivini neun von zehn Rennen gewinnen.

Um sein Image zu verjüngen, setzte BMW den berühmten Stuntfahrer Chris Pfeiffer auf die F 800 R und brachte kurz danach ein entsprechendes Sondermodell heraus. Aber auch die treue BMW-Kundschaft wurde nicht vergessen: 2011 wurde ein beeindruckender und trotzdem kompakter Reihensechszylindermotor vorgestellt, der die neuen Tourenmodelle K 1600 GT/GTL antreiben sollte. Es gab keine Motorradmesse in Köln oder Mailand, wo keine neuen Modelle oder Baureihen vorgestellt wurden. So überraschte BMW Ende 2011 mit der Wiederentdeckung des Motorrollers – mit 650er-Twin und 250 kg Leergewicht. 2012 stand auf der Kölner Intermot die neue R 1200 GS mit wassergekühltem Boxermotor, der den an seine Grenzen gelangten luftgekühlten Motor ersetzte.

Im folgenden Jahr stand zum 90. Geburtstag der R 32 ein Retro-Roadster (mit dem »alten« luftgekühlten Boxermotor) namens R nineT als Hommage bereit, der bald in verschiedenen Variationen angeboten werden sollte. BMW war jetzt eine trendige Marke, die technische Innovationen, Leistung und modischen Vintage-Stil miteinander vermischte. Seit 2014 hat BMW als einer der ersten großen Motorradhersteller mit dem C evolution ein voll elektrisches Zweirad im Programm. 2016 wurde das Sortiment mit der G 310 nach unten erweitert. Die aus den Marken BMW, Mini, Rolls-Royce und BMW Motorrad bestehende BMW Group erwirtschaftete 2016 mit über 124.700 Mitarbeitern über 94 Milliarden Euro Umsatz und machte 9,67 Milliarden Euro Gewinn (vor Steuern). 2017 wurden 164.000 Motorräder (und 2,463 Millionen Autos) verkauft. Anfang 2018 produzierten 31 Fabriken in 14 Ländern für die BMW Group.

Party Die BMW Motorrad Days finden seit 2001 jedes Jahr Anfang Juli in Garmisch-Partenkirchen statt. Inzwischen werden hier jährlich über 40.000 Besucher empfangen.

FIZ
Am 06. Oktober 2017 legte BMW-Präsident Harald Krüger den Grundstein für die Erweiterung des Forschungs- und Innovationszentrums (FIZ) in München. Anwesend waren auch Ministerpräsident Horst Seehofer und Oberbürgermeister Dieter Reiter.

Rennsport
Als Partner des MotoGP stellt BMW seit 2003 ein Auto der M-Reihe als Safety Car. Seit 2010 nimmt ein mit modifizierten S 1000 RR-Modellen ausgestattetes Team an der Superbike-WM teil.

BMW-Welt Das im Oktober 2017 nahe des BMW-Hauptsitzes eröffnete neue Ausstellungsgebäude bietet Millionen Besuchern ein einzigartiges Erlebnis, das BMW-Universum zu entdecken.

S 1000 RR

| 2009 |

Hypersport

Störenfried
Obwohl sie stark an die aus Japan vorgegebenen Standards für sportliche 1000er entsprach, wies die S 1000 RR zahlreiche Innovationen auf.

»Die Mächtigste, die Beeindruckendste, die Schnellste auf der Rennstrecke!« »Diese neue S 1000 RR entfacht ein göttliches Feuer und zieht wie nur wenige andere aktuelle Sportmaschinen an den Armen (und dem Rest des Körpers). Sie ist das Ende von Papas BMW!« Solche Kommentare waren 2009 nach den ersten Tests der BMW S 1000 RR zu lesen, nachdem sich BMW selbst in den verschworenen Kreis der vor allem japanischen Hersteller von 1.000-cm³-Superbikes mit Vierzylinder-Reihenmotor eingeladen hatte.

BMW hatte erfolgreich an seinen alten Gewohnheiten gerüttelt. Weil die Effizienz des Reihen-Vierers im Alu-Brückenrahmen bei sportlichen Tausendern unumstößlich war, setzte auch BMW auf diese Technik, achtete aber darauf, anspruchsvolle und originelle Details einzubinden. Das kompakt gestaltete Triebwerk profitierte vom Wissen der Formel-1-Abteilung. Die Titan-Ventile wurden per Schlepphebel geöffnet, die gegenüber sonst üblichen Tassenstößeln geringere Massen aufwiesen und damit höhere Drehzahlen erlaubten. Der lediglich 59,3 kg wiegende Motor entwickelte 193 PS bei 13.000/min. Durch den Einlass zwischen den Scheinwerfern wurde bei hohem Tempo Luft eingepresst, sodass die Leistung bei 250 km/h auf 198 PS anstieg. Die Leistungsentfaltung konnte mithilfe einer elektronischen Verstellung den Ansprüchen bei Regen, Sport, Rennstrecke und mit Slick-Reifen angepasst werden. Diese Modi wirkten sich auch auf die Einstellung der Traktionskontrolle (DTC) und des anfangs optional erhältlichen und nur 2,5 kg wiegenden Racing-ABS aus (Systeme der Konkurrenz wogen bis zu 10 kg!). Mit einem Leistungsgewicht von 1,05 PS pro Kilogramm war die S 1000 RR nicht nur auf der Rennstrecke überragend, sondern zeigte auch im Straßeneinsatz einen guten Gebrauchswert.

S 1000 RR (2009) Viertakt-Reihenvierzylinder, wassergekühlt, 2 per Kette angetriebene obenliegende Nockenwellen und Schlepphebel, je 4 hängende Ventile (DOHC), Hubraum: 999 cm³, Bohrung x Hub: 80 x 49,7 mm, Leistung: 193 PS bei 13.000/min, max. Drehmoment: 112 Nm bei 9.750/min, Einspritzung (48 mm), Mehrscheiben-Nasskupplung mit Anti-Hopping-Funktion, 6-Ganggetriebe, Endantrieb über Kette, Aluprofil-Brückenrahmen, Federung vorn: Upsidedown-Telegabel (46 mm), hinten Zweiarmschwinge mit Mono-Stoßdämpfer; Federweg vorn/hinten: 120/120 mm; Bremse vorn: 2 Scheibenbremsen 320 mm, hinten Scheibenbremse 220 mm, Räder: 17/17 Zoll; Radstand: 1.417 mm; Leergewicht: 202 kg.

S 1000 RR

»Die S 1000 RR hat die Sichtweise der Motorradfahrer auf BMW radikal verändert.«

Scharfe Klinge
Das schnittige Design von Ola Stenegärd setzt bei der Asymmetrie-Karte sogar auf zwei deutlich voneinander abweichende Seitenansichten.

Die Sportlerin mit der von Langstrecken-Rennmaschinen inspirierten asymmetrischen Optik bot BMW-typischen Komfort (einschließlich Heizgriffen!), und sogar ihre Rückspiegel boten perfekte Sicht nach hinten – sonst eher selten bei diesem Motorradtyp. Mithilfe des Zündschlüssels ließen sich die Gabel und der Stoßdämpfer in zehn verschiedenen Zug- und Druckstufen einstellen. Solche Feinheiten veranschaulichten den Pragmatismus bei BMW, um aus dem Motorrad den besten Nutzwert herauszuholen. 2012 erfuhr die S 1000 RR eine kleine Modellpflege, 2014 eine größere. Ende 2018 stand eine völlig neu konstruierte S 1000 RR (Typ K67) mit variabler Ventilsteuerung parat.

S 1000 RR

»Die S 1000 RR verführte mit einem aggressiven Styling.«

»Dank Troy Corser konnte BMW mit der S 1000 RR erfolgreich in die Superbike-WM einsteigen.«

Überflieger
Troy Corser (Startnummer 11) begann seine erste Superbike-Saison mit einem Paukenschlag, indem er beim ersten Rennen in Australien mit seiner S 1000 RR die schnellste Runde fuhr.

Superbike-Weltmeisterschaft

| 2009 |

BMW setzte die S 1000 RR direkt nach ihrer Vorstellung auch bei der Superbike-Weltmeisterschaft ein. Die Rennabteilung hatte die Entwicklung der Rennmaschine parallel zum Serienmodell vorangetrieben. Bereits im Juni 2008 wurde der bislang für Ducati fahrende Spanier Rubén Xaus als zukünftiger Werksfahrer ausgewählt. Xaus, der bereits zehn Superbike-Rennen gewonnen hatte, war von dieser Herausforderung motiviert, da er die Möglichkeiten von BMW kannte. Einige Monate später trat der Australier und zweifache Superbike-Weltmeister Troy Corser dem BMW-Team bei. Die originalen 200 PS der S 1000 RR sollten ausreichen, die japanische Konkurrenz mit 1000er-Vierzylinder-Maschinen zu beunruhigen. In der Saison 2009 wurden zwei weitere S 1000 RR von Privatteams und den Fahrern Steve Martin (Australien) und Richard Cooper (Großbritannien) an den Start gebracht. Die Rennergebnisse entsprachen am Ende allerdings nicht den von BMW gesetzten Zielen. Corser erreichte lediglich den 13. Platz der Gesamtwertung, sein bestes Ergebnis war ein fünfter Platz beim ersten Rennen in Brünn. Xaus belegte Platz 17, und BMW schloss die Konstrukteurswertung mit dem sechsten von sieben Plätzen ab.

2010 konnte Troy Corser mit dritten Plätzen in Monza und Misano der S 1000 RR die ersten Podiumsplätze bescheren und wurde am Ende Elfter, Xaus belegte Rang 14. Das große Kunststück vollbrachte ein anderer Fahrer: Der für BMW Italia startende Italiener Ayrton Badovini wurde Superstock-1000-Europameister, nachdem er neun von zehn Rennen gewonnen hatte.

In der Superbike-WM 2010 setzte BMW den Briten Leon Haslam als Werksfahrer ein, der mit drei dritten Plätzen am Ende WM-Fünfter wurde. Die BMW war nicht leicht zu fahren, und es fehlte ihr an Ausgewogenheit, weil das Team nicht die nötige Erfahrung hatte. Viel Arbeit und Ausdauer machten sich 2012 bezahlt, als jetzt BMW Italia als offizielles Werksteam mit dem ehemaligen Moto-GP-Fahrer Marco Melandri antrat. Melandri stieg mit einem zweiten Platz in Australien ein, siegte bei sechs Rennen und wurde am Ende Dritter der WM. Haslam konnte Rang 8 belegen, und die beiden Italiener Badovini und Fabrizio wurden Elfter und Zwölfter, sodass BMW sogar hinter Aprilia Vize-Konstrukteursmeister werden konnte. 2013 wurde Melandri Vierter und sein Teamkollege Chaz Davies Fünfter der WM. Dennoch zog sich BMW 2014 offiziell aus der Superbike-WM zurück.

K 1600 GT

| 2010 |

Sechs in Reihe

Im Herbst 2009 stellte BMW die Studie *Concept 6* vor, die um einen Reihen-Sechszylindermotor herum konstruiert war. Im folgenden Jahr wurden die Modelle K 1600 GT und GTL präsentiert – zwei überwältigende Langstrecken-Reisemaschinen, die Noblesse und Faszination miteinander verbanden. Auch wenn es einen solchen Motor in BMW-Motorrädern noch nie gegeben hatte, war er für das Unternehmen ein alter Hut, denn tatsächlich hatte es bei BMW fast immer Reihensechszylinder gegeben. Schon Max Friz, der Konstrukteur des allerersten BMW-Motorrads, hatte 1917 den BMW IIIa-Flugzeugmotor optimiert – einen wassergekühlten Reihensechszylinder mit 19,1 Liter Hubraum, der dank seines Talents 226 PS bei 1.400/min entwickelte. Und 1933 begann BMW im Automobilbau ein technisches Abenteuer, indem man den 303 nicht nur erstmals mit dem typischen Kühlergrill in Nierenform ausrüstete, sondern auch mit einem Sechszylinder-Reihenmotor (mit lediglich 1.200 cm³ Hubraum). Viele weitere Automobile mit Motoren dieser Bauart sollten folgen, aber auch berühmte Formel-1-Triebwerke. 77 Jahre nach dem 303 und kurz nach der revolutionären S 1000 RR wollte BMW sein Image mit zwei 1600er-Modellen weiter stärken. Allein bei der Erwähnung dieser Motoren-Bauart schwingen die Begriffe Ausnahme, Luxus, Leistung und Drehmoment mit. BMW hat die Begriffe »dynamisches Fahrverhalten« und »Sportlichkeit« hinzugefügt – Dinge, die von einem Oberklasse-*Gran Turismo*-Motorrad nicht unbedingt erwartet werden. Doch die Konstrukteure hatten sich bei der K 1600 auf die dynamischen Eigenschaften konzentriert, um sich von der Konkurrenz abzuheben.

Die größte Herausforderung bestand darin, den Motor unterzubringen, ohne dass dabei ein Dickhäuter entstand. Dazu neigte man die Zylinder um 55° nach vorn und schuf ein nur 555 mm breites Motorgehäuse – nicht viel mehr als bei hubraumstarken Vierzylindern. Die extreme Kompaktheit und geringe Breite konnten durch eine moderate Bohrung von 72 mm und nur 5 mm Abstand zwischen den Laufbuchsen erreicht werden. Der Schwerpunkt war niedrig, und es entstand viel Platz für den Ansaugtrakt. Dank CAD wurden alle Teile auf geringes Gewicht und hohe Festigkeit optimiert, und am Ende wog der Motor 102,6 kg.

Das Triebwerk mobilisierte aus 1.649 cm³ Hubraum beachtliche 160 PS bei 7.750/min und vor allem 175 Nm bei 5.250/min – im Luxusliner-Segment ein Schock (der Sechszylinder-Boxermotor der Honda GL 1800 leistete lediglich 126 PS). Mit 70 Prozent des maximalen Drehmoments ab 1.500/min dominierte BMW auch die Kategorie Durchzug. Neben modernster Mechanik sorgten umfangreiche Elektronikpakete für Sicherheit und Luxus: Traktionskontrolle, ABS,

Sechser
Aus den sechs Öffnungen der zwei Auspufftöpfe entweicht ein zorniger und betörender Klang. Die GTL-Version (Seite 167) bietet eine noch entspanntere Sitzposition und ein Topcase fürs große Gepäck.

K 1600 GT

»Für die K 1600 GT hat BMW einen wirklich kompakten und zornigen Sechszylinder entworfen.«

Reifendrucksensoren, ESA-Fahrwerk, elektronische Drosselklappensteuerung, verschiedene Kennfelder, elektrisch verstellbare Windschutzscheibe, Kurvenlicht, Xenon usw. Nicht weniger als 14 miteinander verbundene Steuergeräte fanden sich in der K 1600. Die Oberklasse-BMW bot sportliche Akzente, die sich auch beim Fahren bewiesen – wie bei einem sportlichen M5 mit dem Komfort eines Rolls-Royce (seit 1998 zur BMW Group gehörend).

Der Motor hing in einem stabilen Brückenrahmen aus Leichtmetall und trieb wie bei der K 1200 über eine Nasskupplung und ein Sechsganggetriebe die Kardanwelle zum Hinterrad an. Ebenfalls von den Vierzylindermodellen abgeleitet waren die Duolever-Vorderradaufhängung und das Paralever-System im Heck. Wer den ganzen Luxus wollte, musste bereits 2011 die 20.000-Euro-Schallmauer durchbrechen und die GTL mit Topcase bestellen – mit einem Leergewicht von 348 kg (ohne Extras) lag diese auch keine 20 kg unter der Honda Gold Wing.

K 1600 GT

»Ob in der GT oder der GTL – der Sechszylinder blieb das Kernstück dieser Luxusmotorräder.«

K 1600 GT (2010) Viertakt-Reihensechszylinder, wassergekühlt, 2 per Kette angetriebene obenliegende Nockenwellen und Tassenstößel, je 4 hängende Ventile (DOHC), Hubraum: 1.649 cm³, Bohrung x Hub: 72 x 67,5 mm, Leistung: 160 PS bei 7.750/min, max. Drehmoment: 175 Nm bei 5.250/min, BMS-X-Einspritzung, Mehrscheiben-Nasskupplung, 6-Ganggetriebe, Endantrieb über Kardan, Aluprofil-Brückenrahmen, Federung vorn: Duolever, hinten Paralever; Federweg vorn/hinten: 115/135 mm; Bremse vorn: 2 Scheibenbremsen 320 mm, hinten Scheibenbremse 320 mm, Räder: 17/17 Zoll; Radstand: 1.618 mm; Leergewicht: 334 kg.

C 600 Sport/C 650 GT

| 2012 |

Power-Scooter

Ende 2011 präsentierte BMW ein neues Projekt zur Deckung des Mobilitätsbedarfs in Ballungsgebieten und nannte es *Urban Mobility*. Die ersten konkreten Vorschläge waren zwei Maxi-Roller der Oberklasse namens C 600 Sport und C 650 GT. Wie schon von der F 800/650 bekannt, waren beide Fahrzeuge trotz unterschiedlicher Zahlen mit dem gleichen Motor ausgestattet: einem 647-cm³-Reihenzweizylinder, der 60 PS bei 7.500/min leistete.

Die beiden Fahrzeuge markierten acht Jahre nach dem Misserfolg mit dem C 1 die Rückkehr der Marke zum Scooter. Diesmal sollte die vom Yamaha T-Max dominierte große Klasse angegangen werden – und BMW legte gleich 150 cm³ drauf. Das Ziel von BMW war, die hervorragenden Fahreigenschaften eines Motorrads mit der besonderen Wendigkeit und dem Komfort eines Motorrollers zu verbinden und so ein neues Fahrgefühl voller Dynamik zu erzeugen. Die im Berliner BMW-Werk gebauten C-Modelle waren mit DOHC-Vierventilmotoren von Kymco ausgerüstet, deren Zylinder stark (70°) nach vorn geneigt wurden. Der Hubzapfenversatz betrug 90°, um Vibrationen zu minimieren. Ein stufenloses Automatikgetriebe (CVT) trieb – ungewöhnlich für einen modernen Roller – über eine vollständig gekapselte Kette das Hinterrad an. Trotz des durch den Antrieb bedingten Leistungsverlusts von über 20 Prozent und eines Leergewichts von einer Vierteltonne war die Kundschaft von den neuen BMW-Rollern begeistert, sodass sie beständig weiterentwickelt wurden. Ab 2015 erhielt auch das Sportmodell die passendere Bezeichnung C 650.

Sport oder Komfort
Leicht lässt sich das Tourenmodell C 650 GT von seinem sportlichen Cousin C 650 Sport unterscheiden.

C 600 Sport [C 650 GT] (2012) Zweizylinder-Viertakt-Reihenmotor, wassergekühlt, 2 per Kette angetriebene obenliegende Nockenwellen, Tassenstößel, je 4 hängende Ventile (DOHC), Hubraum: 647 cm³, Bohrung x Hub: 79 x 66 mm, Leistung: 60 PS bei 7.500/min, max. Drehmoment: 66 Nm bei 6.000/min, Einspritzung, stufenloses Riemengetriebe, Endantrieb über Kette im Ölbad, Stahl-Brückenrahmen, Motor mittragend, Federung vorn: Upsidedown-Telegabel, hinten Einarmschwinge mit Zentralfederbein; Federweg vorn/hinten: 115/115 mm; Bremse vorn: 2 Scheibenbremsen 270 mm, hinten Scheibenbremse 270 mm, Räder: 15/15 Zoll; Leergewicht: 249 [261] kg.

C 600 Sport, C 650 GT

»Die Modelle C 600 Sport und C 650 GT sind die Antworten von BMW auf den Mobilitätsbedarf in Ballungsgebieten.«

R 1200 GS

| 2013 |

Neue Generation

Nur wenige Monate nach der Vorstellung der neuen R 1200 GS mit Wasserkühlung rollte im Berliner BMW-Werk die 500.000. GS vom Fließband. Diese Zahl zeigt, wie wichtig die Groß-Enduro nach 30 Jahren für BMW geworden war – und wie wichtig stetige Modellpflege und Weiterentwicklung war. 90 Jahre nach dem ersten BMW-Motorrad wurde der Boxermotor zumindest teilweise auf Wasserkühlung umgestellt und auch in seinem Inneren komplett überarbeitet. Die Bezeichnung R 1200 GS beizubehalten, zeigt dabei schon fast Understatement.

BMW stand bei der Entwicklung vor zahlreichen Herausforderungen: Die Motorleistung musste an die Konkurrenz angepasst werden, während gleichzeitig der Verbrauch und die Emissionen verringert, der Fahrkomfort und die Reisetauglichkeit weiter optimiert und die Sicherheit erhöht werden sollte – alles unter Beibehaltung des anschaulichen und unverwechselbaren Designs.

Nach fünf Jahren Entwicklung wurde der Presse ein wirklich außergewöhnliches Motorrad präsentiert. Das Bohrung/Hub-Verhältnis wurde beibehalten, doch dank der Wasserkühlung und dadurch besseren thermischen Verhältnissen konnte die Leistung von 110 auf 125 PS bei sogar geringfügig verringerter Drehzahl angehoben werden. BMW setzte auf eine in der Formel 1 verwendete »Präzisionskühlung« an den besonders heißen Teilen der Zylinderköpfe.

Weil der Motor weiterhin vor allem per Fahrtwind gekühlt wurde, konnte der typische Boxer-Look bewahrt werden. Die beiden kleinen Wasserkühler waren kaum sichtbar. Auch das sonore Brummen des Motors blieb erhalten, genauso seine Spritzigkeit. Die Kurbelwelle drehte erstmals rechtsherum, und die jetzt vorn sitzende Kupplung drehte in Gegenrichtung,

Effizienz
Das sehr technische Design der R 1200 GS betont seit je her die von ihren Besitzern geschätzte Leistungsfähigkeit.

R 1200 GS (2013) Zweizylinder-Viertakt-Boxermotor, fahrtwind-/wassergekühlt, je zwei per Zwischenwelle und Ketten angetriebene obenliegende Nockenwellen, Schlepphebel, je 4 hängende Ventile (DOHC), Hubraum: 1.170 cm³, Bohrung x Hub: 101 x 73 mm, Leistung: 125 PS bei 7.750/min, max. Drehmoment: 125 Nm bei 6.500/min, Einspritzung, Mehrscheiben-Nasskupplung, 6-Ganggetriebe, Endantrieb über Kardan, Stahlrohrrahmen, Federung vorn: Telelever, hinten Paralever-Einarmschwinge; Federwege vorn/hinten: 190/200 mm; Bremse vorn: 2 Scheibenbremsen 305 mm, hinten Scheibenbremse 276 mm, Räder: 19/17 Zoll; Radstand: 1.507 mm; Leergewicht: 238 kg.

R 1200 GS

»Die R 1200 GS hat den neuen Wasserboxer erfolgreich eingeführt.«

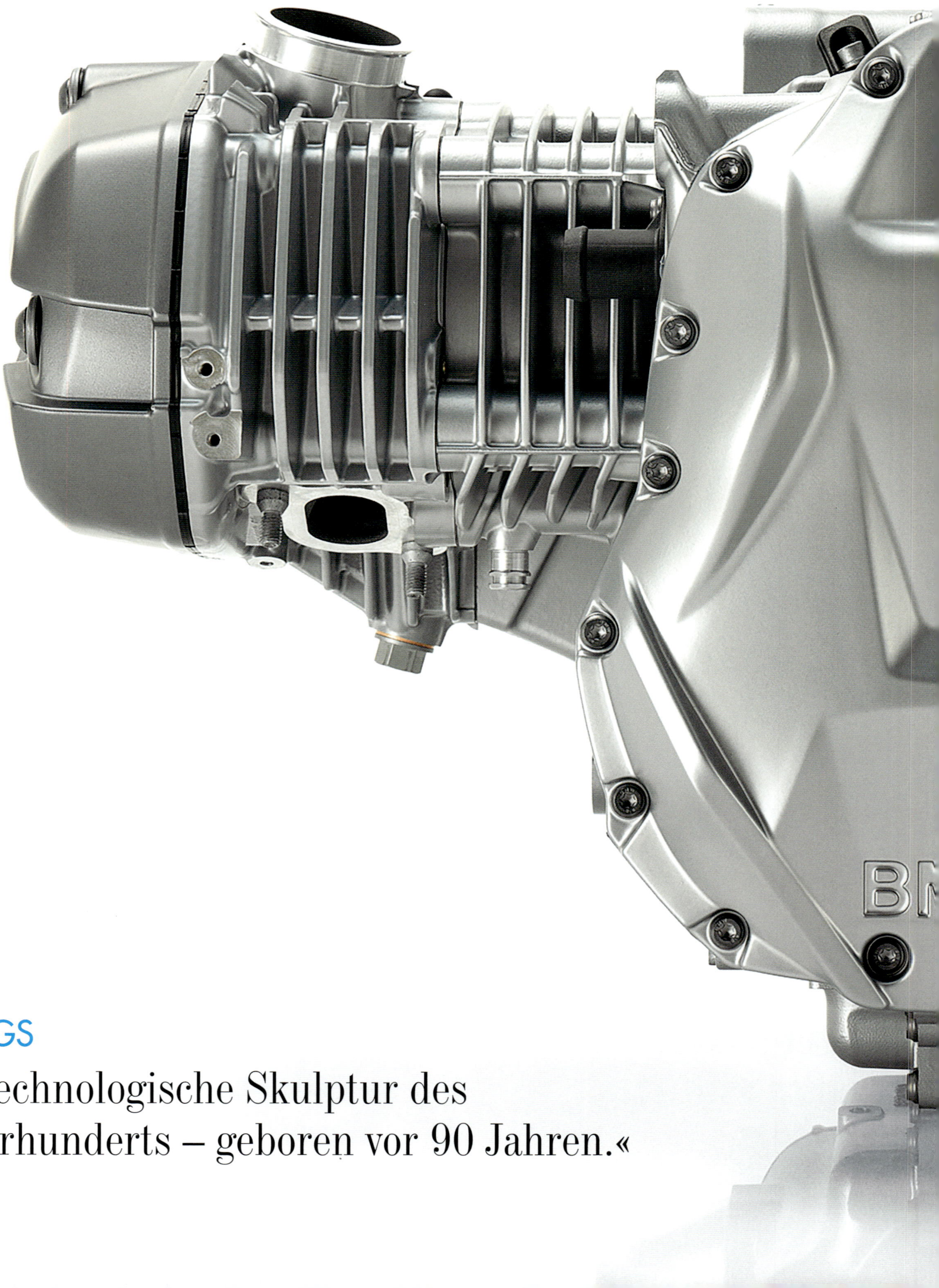

R 1200 GS

»Eine technologische Skulptur des 21. Jahrhunderts – geboren vor 90 Jahren.«

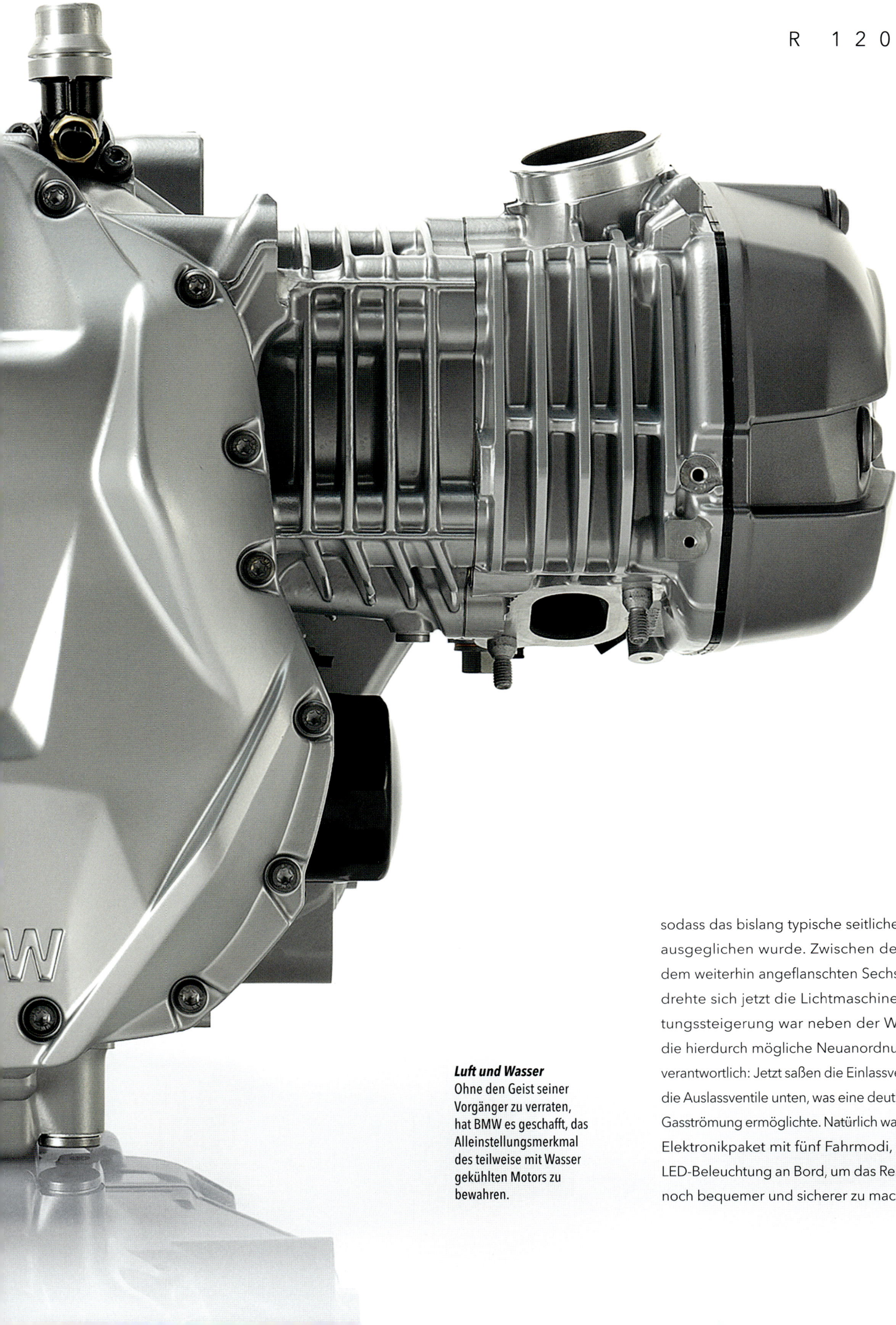

Luft und Wasser
Ohne den Geist seiner Vorgänger zu verraten, hat BMW es geschafft, das Alleinstellungsmerkmal des teilweise mit Wasser gekühlten Motors zu bewahren.

sodass das bislang typische seitliche Kippmoment ausgeglichen wurde. Zwischen dem Motor und dem weiterhin angeflanschten Sechsganggetriebe drehte sich jetzt die Lichtmaschine. Für die Leistungssteigerung war neben der Wasserkühlung die hierdurch mögliche Neuanordnung der Ventile verantwortlich: Jetzt saßen die Einlassventile oben und die Auslassventile unten, was eine deutlich verbesserte Gasströmung ermöglichte. Natürlich war das komplette Elektronikpaket mit fünf Fahrmodi, ESA, ACS und LED-Beleuchtung an Bord, um das Reisen mit der GS noch bequemer und sicherer zu machen.

»2014 fuhr Michael Dunlop mit der BMW drei überragende Siege bei der Tourist Trophy ein.«

300 km/h
Michael Dunlop war 2014 das erste Mal mit der S 1000 RR bei der Tourist Trophy angetreten. Hier überquert er mit fast 300 km/h die Sprungschanze von Bray Hill, um BMW drei historische Siege zu bescheren.

BMW beherrscht wieder die TT

| 2014 |

Am Samstag, dem 31. Mai 2014, war BMW nach 75-jähriger Unterbrechung bei der Tourist Trophy auf der Isle of Man wieder erfolgreich. Der Nordire Michael Dunlop, Neffe des berühmten TT-Rekordhalters Joey Dunlop, gewann mit der S 1000 RR die Superbike-Klasse des seit 1907 stattfindenden Rennens. Und der 25-jährige Dunlop konnte noch zwei weitere Rennen in der Superstock-Klasse und der legendären Senior-TT gewinnen. Natürlich spiegelten diese Erfolge den Erfolg von Georg »Schorsch« Meier auf der BMW Typ 255 bei der Senior-TT 1939 wider. Dunlop (der mit einer Honda auch die Supersport-Klasse gewann und damit insgesamt vier Siege einfuhr) sagte anschließend: »Die Senior-TT war das einzige Rennen, das ich noch nie auf der Isle of Man gewonnen hatte. Es ist für mich etwas ganz Besonderes, dieses Jahr gewonnen zu haben. Ich habe BMW drei Siege geschenkt, und darüber hinaus haben wir den TT-Sieg von 1939 wiederholt. Zu Beginn dieser zwei Wochen auf der Isle of Man haben sicher viele gedacht, dass ich mit einem Motorrad, dass sich noch nie bei der TT beweisen konnte, kaum Chancen hätte. Doch heute wird niemand mehr an den Qualitäten der BMW S 1000 RR zweifeln. BMW ist es gelungen, ein Motorrad zu bauen, das auf Anhieb sechs Runden (ca. 365 km) auf dem Mountain Cicruit übersteht, ohne irgendwelche Ausfälle zu zeigen – es ist unglaublich!«

2016 schrieb Michael Dunlop mit einer S 1000 RR erneut TT-Geschichte, indem er als Erster mit einer Rundenzeit unter 17 Minuten seinen eigenen Rekord mit einer Durchschnittsgeschwindigkeit von 215,59 km/h brach und mit 31 Sekunden Vorsprung vor seinem Teamkollegen Ian Hutchinson erneut die Senior-TT gewann. Auch wenn Dunlop selbst inzwischen die Marke gewechselt hat, zeigt sich die S 1000 RR auf der Insel immer noch als wettbewerbsfähige Maschine. Bei der TT 2017 belegten BMW-Fahrer, angeführt von Ian Hutchinson, die ersten vier Plätze der Superstock-Klasse. Der Engländer Peter Hickman gewann 2018 mit einer S 1000 RR erneut die Senior-TT und die Superstock-TT, Letzteres konnte er 2019 wiederholen.

R 1200 R

| 2014 |

Wasserboxer-Roadster

Auf dem Concours d'Elegance an der Villa d'Este am Comer See stellte BMW im Mai 2014 eine Roadster-Studie vor – ein resolut modernes Motorrad mit aggressiven Linien und natürlich von einem Boxermotor angetrieben (siehe Seite 218). Tatsächlich zeigte dieses Konzeptbike schon viel vom Serien-Roadster R 1200 R, der auf den Motorradmessen im Herbst enthüllt wurde. Sowohl die Dynamik als auch die Ästhetik dieser Weiterentwicklung der berühmten BMW-Roadster sollte alte Gewohnheiten und Vorurteile über Bord werfen. Vorbei die Zeiten des introvertierten Straßenmotorrads, dessen Kraft und Leistungsfähigkeit sich in jeder Hinsicht hinter einer schönen Silhouette versteckte. Offensichtliches Merkmal der neuen Roadster war die Upsidedown-Gabel, mit der die bekannte Telelever-Vorderradaufhängung ersetzt worden war. Weitere sportliche Merkmale waren die Brembo-Radial-bremssättel und das insgesamt aggressive Design der Front mit stark geneigtem Cockpit sowie einem großen roten R auf dem weißen Tank. Der rot lackierte Gitterrohrrahmen führte die sportliche Linie nach hinten fort.

Die neue R 1200 R meinte es ernst. Parallel entstand nach zehnjähriger Unterbrechung auch wieder eine RS, die quasi eine R mit Verkleidung war.

Als letzte Modelle der R-Familie hatten nach der GS, deren Ableger GS Adventure und der RT auch die R und ihre Schwester RS den wassergekühlten Motor erhalten. Zusammen mit einer neuen Airbox und einem neuen Auspuff konnte das Drehmoment gegenüber den anderen Familienmitgliedern leicht angehoben werden. Ausgerüstet mit allen elektronischen Helferlein wie ABS und ASC bot die R 1200 R ein belebendes dynamisches Potenzial, um es mit den Rivalen aufnehmen zu können. Ihre sexy Figur hatte ein bis dahin unbekanntes Charisma, das eine jüngere Klientel anziehen sollte. Wer eher auf klassische Boxer-Roadster stand, fand im BMW-Programm inzwischen Alternativen.

Dynamik
Auch die R 1200 R wurde ab 2014 mit dem wassergekühlten Boxer ausgerüstet. Ihre radikale Optik sollte ein jüngeres Publikum ansprechen.

R 1200 R (2014) Zweizylinder-Viertakt-Boxermotor, fahrtwind-/wassergekühlt, je zwei per Zwischenwelle und Ketten angetriebene obenliegende Nockenwellen, Schlepphebel, je 4 hängende Ventile (DOHC), Hubraum: 1.170 cm³, Bohrung x Hub: 101 x 73 mm, Leistung: 125 PS bei 7.750/min, max. Drehmoment: 125 Nm bei 6.500/min, Einspritzung, Mehrscheiben-Nasskupplung, 6-Ganggetriebe, Endantrieb über Kardan, Stahlrohrrahmen, Federung vorn: Upsidedown-Gabel (45 mm), hinten Paralever-Einarmschwinge; Federweg vorn/hinten: 140/140 mm; Bremse vorn: 2 Scheibenbremse 320 mm, hinten Scheibenbremse 276 mm, Räder: 17/17 Zoll; Radstand: 1.507 mm; Leergewicht: 231 kg.

R 1200 R

»Attraktiver und aggressiver als je zuvor brach die R 1200 R von 2014 mit alten Gewohnheiten.«

R nineT

| 2014 |

Vintage

Simpel
Keine Blenderin, sondern eine simple Designlinie, bei der die wesentlichen Merkmale eines Motorrads herausgestellt werden: zwei Räder und ein Motor!

Stephan Schaller, Chef von BMW Motorrad, ließ es sich 2013 auf der EICMA in Mailand nicht nehmen, selbst das Tuch von der neuesten bayerischen Konstruktion zu lupfen. Zur Feier des 90. Geburtstags der R 32 präsentierte Schaller einen Roadster mit eigenwilliger Namensgebung und dezenten Klassik-Elementen. Der charismatische Designer Ola Stenegärd wollte mit der R nineT Kunden ansprechen, die keine Hightech-Bikes mit den neuesten technischen Gimmicks, aber dennoch eine neue BMW haben wollten – eine in München bisher vernachlässigte Klientel. Als Antrieb diente der »alte« 1200er-Luft-Boxer, der mit 110 PS bei 7.750/min noch durchaus Café-Racer-kompatibel war, 119 Nm bei 6.000/min und eine kürzere Endübersetzung sorgten für ausreichende Beschleunigung. Markant waren die aus der S 1000 RR übernommene goldfarben eloxierte Upsidedown-Telegabel (ohne Einstellmöglichkeiten) samt Radial-Bremsen. ABS war natürlich an Bord, eine Traktionskontrolle fehlte jedoch genauso wie verschiedene Fahrmodi. Am breiten Lenker der 222 kg wiegenden Maschine konnte sich der Fahrer also wieder ganz dem Fahrtwind hingeben. Zuvor musste er sich jedoch entscheiden, wie seine R nineT gestaltet werden sollte – BMW bot reichlich Optionen mit verschiedenen Sitzen und Endschalldämpfern an. Drahtspeichenräder und ein an den Flanken gebürsteter Alutank waren immer dabei. Sogar das demontierbare Rahmenheck konnte gegen einen stark gekürzten Bürzel getauscht werden, der die Montage des Kennzeichens an der Schwinge nötig machte.

Nach ihrer Einführung Anfang 2014 war die R nineT

R nineT (2014) Zweizylinder-Viertakt-Boxermotor, fahrtwind-/ölgekühlt, je zwei per Zwischenwelle und Ketten angetriebene halbhoch liegende Nockenwellen, Schlepphebel, je 4 hängende Ventile (DOHC), Hubraum: 1.170 cm³, Bohrung x Hub: 101 x 73 mm, Leistung: 110 PS bei 7.750/min, max. Drehmoment: 119 Nm bei 6.000/min, Einspritzung, Einscheiben-Trockenkupplung, 6-Ganggetriebe, Endantrieb über Kardan, Stahlrohr-Lenkkopfträger und -Heckrahmen, Federung vorn: Upsidedown-Telegabel, hinten Paralever-Einarmschwinge; Federweg vorn/hinten: 120/120 mm; Bremse vorn: 2 Scheibenbremsen 320 mm, hinten Scheibenbremse 265 mm, Räder: 17/17 Zoll; Radstand: 1.476 mm; Leergewicht: 222 kg.

R nineT

»Die zum 90. Geburtstag der R 32 vorgestellte R nineT ist das perfekte Bindeglied zwischen dieser und der Moderne.«

R nineT

»Es gibt nichts Schöneres als das technisch Notwendige – die R nineT beweist dies …«

trotz ihres beachtlichen Preises von fast 15.000 € schnell ausverkauft, und die Kunden mussten mit langen Lieferzeiten rechnen. BMW hatte (nach vielen anderen Herstellern) erkannt, dass Retro voll cool ist – und einen Volltreffer gelandet. Die R nineT sollte erst der Beginn einer umfangreichen Baureihe werden.

Café Racer
Die Flanken des Alutanks konnten auf Wunsch mit einem kleinen Höcker fortgesetzt werden. Der Auspuff stammt von Akrapovic.

R 1200 RT

| 2014 |

Immer weiter

In der Geschichte der Boxer-BMWs wirkt diese R 1200 RT wie eine Revolution. Ihr neuer Motor war wassergekühlt und damit für den harten Kern der Fans eine echte Beleidigung. Die neue RT war in vielen Punkten verbessert worden, aber das neue Triebwerk zog alle Aufmerksamkeit auf sich. Wie schon bei der GS, war die Leistung auf 125 PS angewachsen, eine schwerere Kurbelwelle sorgte aber für eine sanftere Leistungsentfaltung. Das neue Kühlsystem verbesserte deutlich den Temperaturhaushalt der Zylinderköpfe. Obwohl Bohrung, Hub und Hubraum nicht verändert wurden, war der Motor komplett neu aufgebaut, das Getriebe war zwar weiterhin in einem separaten Gehäuse untergebracht, aber in den Ölkreislauf des Motors eingebunden. Auch bei der Elektronik hatte BMW nachgelegt: Eine Traktionskontrolle (ASC) war genauso an Bord wie eine Berganfahrhilfe (HSC), eine elektronische Fahrwerkeinstellung (ESA) und mehrere Fahrmodi. All dies hatte eine Gewichtszunahme von 15 kg gegenüber dem Vorgängermodell zur Folge, sodass mit 274 kg schon fast wieder die Vor-Vorgängerin R 1150 RT (279 kg) erreicht wurde.

Am neuen Stahlrohr-Rahmen arbeitete vorn weiterhin eine Telelever-Gabel, die jedoch mit mehr Nachlauf auf einen besseren Geradeauslauf ausgelegt war. Die Radial-Bremssättel des Vorderrads waren über ein Integralsystem mit der Hinterradbremse verbunden. Die von der K 1600 GT ausgeborgte Instrumentierung ließ wie das serienmäßige Koffersystem bei Langstreckenfahrern keine Wünsche offen.

Fortschritt
Das nicht unerhebliche Gewicht der mit dem neuen Wasserboxer ausgerüsteten R 1200 RT war nach Reiseantritt rasch vergessen.

R 1200 RT (2014) Zweizylinder-Viertakt-Boxermotor, fahrtwind-/wassergekühlt, je zwei per Zwischenwelle und Ketten angetriebene obenliegende Nockenwellen, Schlepphebel, je 4 hängende Ventile (DOHC), Hubraum: 1.170 cm³, Bohrung x Hub: 101 x 73 mm, Leistung: 125 PS bei 7.750/min, max. Drehmoment: 125 Nm bei 6.500/min, Einspritzung, Mehrscheiben-Nasskupplung, 6-Ganggetriebe, Endantrieb über Kardan, Stahlrohrrahmen, Federung vorn: Telelever (45 mm), hinten Paralever-Einarmschwinge; Federweg vorn/hinten: 120/136 mm; Bremse vorn: 2 Scheibenbremsen 320 mm, hinten Scheibenbremse 276 mm, Räder: 17/17 Zoll; Radstand: 1.485 mm; Leergewicht: 274 kg.

R 1200 RT

»Die R 1200 RT wurde umfangreich erneuert, um das Spitzenmodell ihrer Klasse zu bleiben.«

C Evolution

| 2014 |

Electric City

Die BMW-Geschichte ist reich an Innovationen – und dies sollte sich auch in der Zukunft nicht ändern. Als einer der ersten Automobilkonzerne setzte man auf Elektromobilität und entwickelte unter der Sub-Marke »BMW i« Fahrzeuge wie das avantgardistische Stadtauto i3 oder den futuristischen Hybrid-Sportwagen i8.

Im Zuge dieses Programms und unter Ausnutzung der Synergieeffekte mit dem Autosektor entwickelten auch die Ingenieure von BMW Motorrad einen Stromer: den Scooter namens C evolution. 2012 wurde der Prototyp am Rand der Olympischen Spiele in London der Presse vorgestellt, und eine französische Scooter-Website schrieb bald: »Verdient der BMW C evolution die Goldmedaille? Unsere Antwort lautet ohne zu zögern: Ja!«

Angetrieben wurde der C evolution von einem flüssigkeitsgekühlten Permanent-Magnetmotor in einer Triebsatzschwinge mit 11 kW Dauerleistung und 35 kW (48 PS) Spitzenleistung, der über einen Zahnriemen das Hinterrad antreibt. Die Höchstgeschwindigkeit war auf 120 km/h gedrosselt. Durch das ab Null anliegende Drehmoment von 72 Nm konnte der Scooter seine 265 kg Leergewicht beeindruckend beschleunigen. Die luftgekühlten Lithium-Ionen-Hochvolt-Batterien mit einer Kapazität von 8 kWh sollten für 100 km Reichweite sorgen. Dank eines Rekuperationssystems konnte Bremsenergie in Strom umgewandelt werden, sodass die Reichweite stieg und die Scheibenbremsen geschont wurden. Das Akkupaket war gleichzeitig Chassis, das Vorderrad wird per Upsidedown-Gabel geführt. 2016 wurden die Akkukapazität des *C evolution Long Range* auf 12,5 kWh und die Dauerleistung auf 19 kW (26 PS) erhöht.

Unter Strom
Das Chassis besteht aus dem Akkupaket. Ab 2016 stieg die Dauer-Nennleistung auf 26 PS.

C evolution (2014) Permanent-Magnetmotor (flüssigkeitsgekühlt), Leistung: 48 PS bei 4.650/min, max. Drehmoment: 72 Nm bei 0 bis 4.500/min, Maximal-Drehzahl: 9.200/min, Zahnriemen, Endantrieb über Planetengetriebe, Aluminium-Batteriekasten, Stahlrohr-Lenkkopfträger mit Upsidedown-Telegabel, hinten Triebsatzschwinge mit Einzelfederbein; Federweg vorn/hinten: 120/115 mm; Bremse vorn: 2 Scheibenbremsen 270 mm, hinten Scheibenbremse 270 mm, Räder: 15/15 Zoll; Radstand: 1.594 mm; Gewicht: 265 kg.

C Evolution

»Sauber, leise und kraftvoll bietet der C evolution ein ganz neues Fahrvergnügen.«

S 1000

| 2016 |

Remix

Familie
Die nicht ganz komplette S 1000-Familie des Jahrgangs 2017 von links nach rechts: S 1000 R, S 1000 RR und S 1000 XR. Die HP4 fehlt.

S 1000 R (unten links)
Als RR ohne Verkleidung ist die S 1000 R ein mächtiger und aggressiver Ultra-Roadster.

S 1000 X (unten rechts)
Mit mehr Federweg und Verkleidung ist die XR touristischer ausgelegt als ihre Grundlage S 1000 R.

BMW hat sich nicht nur selbst in den Klub der Vierzylinder-Supersportler eingeladen, sondern wie andere Hersteller auch um dieses Triebwerk herum nach und nach eine Modellpalette entwickelt. So kamen nach der Enthüllung der S 1000 RR im Jahr 2009 drei Jahre später die HP4 und 2014 die S 1000 R, ein Power-Roadster mit weniger Verkleidung und hohem Lenker, dessen Motor »nur« 160 PS, aber mehr Durchzug zu einem deutlich niedrigerem Preis bot. Das nur 207 kg wiegende Kraftrad hatte selbstverständlich ABS und ASC serienmäßig an Bord. Für den Jahrgang 2017 verlor die überarbeitete R weitere 2 kg und gewann 5 PS. Bereits 2015 wuchs die S-Familie durch die höhergelegte und teilverkleidete S 1000 XR weiter an - eine Art SUV auf zwei Rädern. Mit 2,5 Litern mehr Tankinhalt, vorn 3 und hinten 2 cm mehr Federweg, war die XR eine Mischung aus sportlichem Roadster und vielseitiger GS - abzüglich der Geländegängigkeit. BMW bewarb sie als großes dynamisches Reisemotorrad, das ein hohes Maß an Komfort bot und dank seiner einfachen Handhabung für den täglichen Gebrauch genutzt werden konnte. 2017 wurde auch die XR modellgepflegt.
Natürlich hatte man die S 1000 RR nicht vergessen und ihr bereits 2014 mehr Leistung (199 statt 193 PS) und 4 kg weniger Gewicht spendiert. 2017 wurde sie an die Euro-4-Norm angepasst, und 2019 erschien eine völlig überarbeitete RR mit variabler Nockenwellensteuerung (Shift Cam) und 207 PS; das Gewicht konnte auf 197 kg vollgetankt verringert werden.

S 1000 XR (R) [RR] (2016) Viertakt-Reihenvierzylinder, wassergekühlt, 2 per Kette angetriebene obenliegende Nockenwellen und Schlepphebel, je 4 hängende Ventile (DOHC), Hubraum: 999 cm³, Bohrung x Hub: 80 x 49,7 mm, Leistung: 165 PS bei 11.000/min (199 PS bei 13.500/min), max. Drehmoment: 112 Nm bei 9.250/min (113 Nm bei 10.500/min), Einspritzung (48 mm), Mehrscheiben-Nasskupplung mit Anti-Hopping-Funktion, 6-Ganggetriebe, Endantrieb über Kette, Aluprofil-Brückenrahmen, Federung vorn: Upsidedown-Telegabel (46 mm), hinten Zweiarmschwinge mit Mono-Stoßdämpfer; Federweg vorn/hinten: 150/140 mm (120/120 mm); Bremse vorn: 2 Scheibenbremsen 320 mm, hinten Scheibenbremse 265 (220 mm), Räder: 17/17 Zoll; Radstand: 1.548 mm (1.438 mm); Leergewicht: 228 (205) [204] kg.

S 1000 R, RR, XR

»In jeder Version ist die S 1000 ein echter Gewinner!«

G 310 R/GS

| 2016 |

Komprimiert

Initialzündung
Die G 310 R erweiterte das BMW-Programm nach unten.

Enduro
Mit ihrem modernen Einzylindermotor wurde die G-Reihe auch um eine GS-Variante erweitert.

Um eine Antwort auf die steigende Nachfrage nach Motorrädern mit weniger als 500 cm³ Hubraum vor allem in Schwellenländern Asiens und Lateinamerikas geben zu können, kooperierte der Hochpreis- und Hubraum-Hersteller BMW mit dem indischen Unternehmen TVS. Entwickelt in München und hergestellt in Bangalore, entstand als erstes Modell der Roadster G 310 R. Natürlich sollten mit diesem neuen Motorrad auch Ein- und Wiedereinsteiger in Europa begeistert werden. Der neu entwickelte Motor war mit DOHC-Vierventil-Zylinderkopf, Wasserkühlung und elektronischer Einspritzung auf dem Stand der Technik, bemerkenswert war, dass der Einlass vorn und der Auslass hinten lag. Hierdurch konnten das Triebwerk kompakter und die Schwinge länger gestaltet werden. 34 PS bei 9.500/min und 28 Nm bei 7.500/min hatten mit den 158,5 kg leichtes Spiel. Ab 2017 wurde eine Enduro abgeleitet, die natürlich G 310 GS hieß. Ein 19er-Vorderrad und mehr Federweg sowie der obligatorische Entenschnabel mussten allerdings für einen Preisaufschlag von fast 1.000 € reichen, 11 kg Mehrgewicht gab es gratis dazu. Da die G 450 X schon lange und die zum Schluss in Brasilien gefertigte G 650 GS inzwischen ebenfalls aus dem Programm gefallen war, bildete die neue kleine GS die einzige Möglichkeit, einen BMW-Einzylinder abseits der Straße zu bewegen.

G 310 R (2016) Einzylinder-Viertaktmotor, wassergekühlt, 2 per Kette angetriebene obenliegende Nockenwellen, Schlepphebel, 4 hängende Ventile (DOHC), Hubraum: 313 cm³, Bohrung x Hub: 80 x 62 mm, Leistung: 34 PS bei 9.500/min, max. Drehmoment: 28 Nm bei 7.500/min, Einspritzung, Mehrscheiben-Nasskupplung, 6-Ganggetriebe, Endantrieb über Kette, Gitterrohr-Stahlrahmen, Federung vorn: Upsidedown-Telegabel (45 mm), hinten Schwinge mit Mono-Stoßdämpfer; Federwege vorn/hinten: 140/130 (180/180) mm; Bremse vorn: Scheibenbremse 300 mm, hinten Scheibenbremse 240 mm, Räder: 17/17 (19/17) Zoll; Radstand: 1.374 (1.420) mm; Leergewicht: 158,5 (169,5) kg.

G 310 R / GS

»Mit den G 310-Modellen hatte BMW sein Programm um erschwingliche Motorräder nach unten erweitert.«

»42 Jahre nach Enders und Engelhardt gewannen Päivärinta und Kainulainen wieder einen WM-Titel für BMW.«

Ein neuer WM-Titel

| 2016 |

Flinke Finnen
Fahrer Pekka Päivärinta holte bereits den fünften Weltmeistertitel, seine Beifahrerin Kirsi Kainulainen den ersten – damit war sie auch die erste Frau der Welt, die eine Motorrad-WM gewann.

Der Gewinn der F1-Gespannweltmeisterschaft (bis 1.000 cm³) 2016 durch das gemischte finnische Team Pekka Päivärinta/Kirsi Kainulainen war für BMW etwas ganz Besonderes. Der letzte WM-Titel für BMW lag 42 Jahre zurück, als Klaus Enders und Ralf Engelhardt mit einem Busch-BMW-Gespann den Titel holten – und die 20 Jahre währende Übermacht durch BMW abschlossen. 1954 hatten Wilhelm Noll und Fritz Cron mit einem RS 54-Gespann den ersten Titel geholt, Anfang der 1960er-Jahre war das Duo Max Deubel/Emil Hörner viermal siegreich. Lediglich der ehemalige BMW-Werksfahrer Helmut Fath konnte 1968 und 1971 mit der von ihm konstruierten Vierzylinder-URS den Bayern zwei Titel abjagen. Ab den 70er-Jahren waren japanische Zwei- und Viertakter unschlagbar.
Neben dem mit einem Motor aus der S 1000 RR betriebenen LCR-Gespann der beiden Finnen und dem dadurch auf ihren Mützen prangenden blau-weißen Propeller war das Besondere an der Gespannsaison 2016 die Person im »Boot« – Kirsi Kainulainen: Sie war die erste Frau der Welt, die außerhalb reiner Frauen-Klassen eine Motorradweltmeisterschaft gewann. Inzwischen war sie 31 Jahre alt, zuvor fuhr sie 600er-Solomaschinen auf der Rennstrecke und demEisspeedway. Dann hatte sie die Möglichkeit, neben dem viermaligen Weltmeister Pekka Päivärinta im Gespann zu fahren – mit Erfolg. »Ich weiß, dass dies ein historischer Sieg ist«, sagte sie in einem Interview. »Aber ich fühlte mich nicht speziell als Frau in diesem Universum, sondern als Konkurrentin unter den anderen Fahrern, unabhängig vom Geschlecht.« Vor dem Titel stand ein harter Kampf gegen das anglo-französische Team Tim Reeves/Gregory Cluze. Nach neun Rennen trennten sie nur 18 Punkte. Und so reichte es den beiden Finnen, beim letzten Rennen im englischen Donington Park als Zweitr über die Ziellinie zu fahren, um Weltmeister zu werden. Bislang konnten weder Päivärinta/Kainulainen noch BMW diesen Erfolg wiederholen.

HP4 Race

| 2017 |

Ultimativ

»Ein reinrassiges Rennmotorrad, gebaut in einer limitierten Auflage von 750 Stück in Handarbeit von einem kleinen hochspezialisierten Team, das ein Höchstmaß an Qualität garantiert.« So präsentierte BMW im April 2017 die neue HP4 Race.

»Die neue HP4 wiegt fahrbereit und vollgetankt 171 kg, weniger als die Werksrennmaschinen in der Superbike-WM und kaum mehr als in der MotoGP als Mindestgewicht vorgegeben«, so die BMW-Pressemitteilung weiter. Um die HP4 zum Erfolg zu führen, hatte BMW die Messlatte sehr hoch gelegt und die Maschine um ein Monocoque-Fahrgestell aus kohlenstofffaserverstärktem Kunststoff (»Carbon«) aufgebaut.

BMW ist damit der erste Motorradhersteller der Welt, der eine Kleinserie mit reinem Carbon-Rahmen produziert (der nur 7,8 kg wiegt) und so eine vielversprechende Technologie mehr Menschen zugänglich macht. Natürlich sind die Räder aus dem gleichen Material gefertigt, sodass sie 30 Prozent weniger wiegen als solche aus Leichtmetall. Lediglich bei der Schwinge setzte man traditionell auf Aluminium. Die Öhlins-Federelemente waren vom Feinsten: Upsidedown-Gabel FGR 300 und Stoßdämpfer TTX 36 GP – Teile, die auch in der Superbike-WM und beim MotoGP eingesetzt werden. Verzögert wurde standesgemäß mit Brembo-Monobloc-Radialsätteln vom Typ GP4 RR mit Titan-Kolben und 320-mm-Stahlscheiben. Der Motor stammte aus der als Langstreckenweltmeister bekannten S 1000 RR und leistete jetzt 215 PS bei 13.900/min. Bis auf ABS war das komplette Elektronikpaket an Bord, und auf dem ganzen Kohlenstoff thronte ein handgebürsteter Alutank. Bleibt als letzte herausragende Eigenschaft der Preis: 80.000 €!

Ultra-Light
Die HP4 ist das erste serienmäßig hergestellte Motorrad mit einem reinen Carbon-Rahmen. Das Ergebnis: 141 kg Trockengewicht – und damit weniger als Maschinen der Superbike-WM.

HP4 Race (2017) Viertakt-Reihenvierzylinder, wassergekühlt, 2 per Kette angetriebene obenliegende Nockenwellen und Schlepphebel, je 4 hängende Ventile (DOHC), Hubraum: 999 cm³, Bohrung x Hub: 80 x 49,7 mm, Leistung: 215 PS bei 13.900/min, max. Drehmoment: 120 Nm bei 10.000/min, Einspritzung, Mehrscheiben-Nasskupplung mit Anti-Hopping-Funktion, 6-Ganggetriebe, Endantrieb über Kette, Carbon-Monocoque, Federung vorn: Upsidedown-Telegabel, hinten Zweiarmschwinge mit Mono-Stoßdämpfer; Federweg vorn/hinten: 130/120 mm; Bremse vorn: 2 Scheibenbremsen 320 mm, hinten Scheibenbremse 220 mm, Räder: 17/17 Zoll; Radstand: 1.440 mm; Leergewicht: 171 kg.

HP4 Race

»171 kg mit 215 PS in 750 Exemplaren à 80.000 € – fehlt was?«

R nineT Racer

| 2017 |

Café-Boxer

Zurück in die Siebziger: Die R nineT Racer ist eine lebhafte Hommage an die Sportmaschinen dieser magischen Ära, die Freiheit und Neuentdeckungen symbolisierten. Die auf der Basis der 2013 vorgestellten R nineT gebaute Racer-Version fügte dem Konzept eine sportliche Note hinzu und zeigte dies auch mit den Streifen in den bekannten BMW-M-Farben.

Die Geschichte geht zurück auf den 1. April 1972, als die BMW AG ihre Tochtersparte BMW Motorsport (M) GmbH gründet, um sportliche Automobile zu entwickeln.

Nach vielen Rennerfolgen wurde 1978 das erste Serienfahrzeug mit dem M-Logo entwickelt: der M1. Seitdem ist der Buchstabe M bei BMW ein Symbol für Sportlichkeit, Erstklassigkeit und Leistung - demonstriert mit den drei Farben Blau, Violett und Rot. Ursprünglich war dieser Code durch die Zusammenarbeit mit dem US-Ölkonzern Texaco entstanden, dessen rot sich mit dem bayerischen Blau zu Violett mischte. (BMW musste Texaco nach der Zusammenarbeit das Rot sogar abkaufen.) Die Paris-Dakar-Motorräder von BMW trugen die M-Farben genauso wie die S 1000 RR und die beim MotoGP eingesetzten Safety Cars. Im Sattel einer R nineT Racer spürt man somit gleich das BMW-Vermächtnis und ihre Verbindung zu modernen Technologien.

Erste Anzeichen der R nineT Racer hatte es bereits 2013 gegeben, als Roland Sands die Concept Ninety der Öffentlichkeit vorstellte (siehe Seite 214), doch dann mussten zuerst die R nineT in Serie gehen und anschließend der etwas einfacher ausgestattete Ableger Scrambler vorgestellt werden. Erst 2017 wurden die technisch sehr ähnlichen Modelle Pure, Urban G/S und Racer nachgeschoben. Die in die Gabelbrücken integrierten Stummellenker, die klassischen Rundinstrumente und der Alu-Höcker hinter dem Solositz, der Edelstahl-Auspuff, der Stahlrohr-Rahmen und natürlich der luft/ölgekühlte Boxermotor luden hinter der runden Halbschale zum Verweilen ein.

Retro-Racer
Mit ihrem 110 PS starken Boxermotor und der wirkungsvollen Verkleidung ist die R nineT Racer kein Showbike. Auf kurvigen Landstraßen zeigt sie ihr sportliches Potenzial.

R nineT Racer (2017) Zweizylinder-Viertakt-Boxermotor, fahrtwind-/ölgekühlt, je zwei per Zwischenwelle und Ketten angetriebene halbhoch liegende Nockenwellen, Schlepphebel, je 4 hängende Ventile (DOHC), Hubraum: 1.170 cm³, Bohrung x Hub: 101 x 73 mm, Leistung: 110 PS bei 7.750/min, max. Drehmoment: 119 Nm bei 6.000/min, Einspritzung, Einscheiben-Trockenkupplung, 6-Ganggetriebe, Endantrieb über Kardan, Stahlrohr-Lenkkopfträger und -Heckrahmen, Federung vorn: Telegabel (43 mm), hinten Paralever-Einarmschwinge; Federweg vorn/hinten: 125/120 mm; Bremse vorn: 2 Scheibenbremsen 320 mm, hinten Scheibenbremse 265 mm, Räder: 17/17 Zoll; Radstand: 1.491 mm; Leergewicht: 220 kg.

R nineT Racer

»Die R nineT Racer ist eine moderne Reminiszenz des Café-Racers mit kleinen M-Zugaben.«

R nineT Scrambler

| 2016 |

Simplizität

Zwei Jahre nach der R nineT erweiterte BMW seine neue »Cool«-Serie um zwei deutlich preiswertere Varianten namens Pure und Scrambler. Trotz Stahltank, klassischer Telegabel und Gussrädern konnte ohne Angeberei »zurück ins echte Leben, zurück zum Spaß« genossen werden. Auch die einfache Instrumentierung, die seitlich verschraubten Bremssättel und andere kleine Vereinfachungen sorgten für den günstigen Preis. Der Name Scrambler wies schon darauf hin, dass wie in den 1960er-Jahren lediglich ein halbhoch verlegter Auspuff die »Geländegängigkeit« verbessert.

Der braune, abgesteppte Lederbezug unterstrich die Vintage-Seite der Scrambler, die dünne Polsterung ließ jedoch kaum Fernweh aufkommen. Scrambler wurden schon immer im urbanen Dschungel oder auf kurvigen Landstraßen gefahren. Wer dennoch abseits des Asphalts unterwegs war, drückte einfach den Knopf am linken Schalter, um das ABS zu deaktivieren (statt sich wie bei vielen modernen »Enduros« mühsam durch das Menü des Bordcomputers zu arbeiten). Die Scrambler wollte gar nicht mit den GS-Modellen von BMW konkurrieren (die dank ihres Gewichts zumeist ebenfalls höchstens auf Schotterpisten bewegt werden). Immerhin waren auf Wunsch Drahtspeichenräder und dezente Stollenreifen erhältlich. Und 200 kg Trockengewicht sind heute auch gar kein schlechter Wert. Optisch erinnerte die Scrambler sogar an die in den frühen 1960er-Jahren in der Deutschen Meisterschaft eingesetzten Geländemaschinen.

Soft-Offroad
Wenn auch keine echte Geländemaschine, ist die R nineT Scrambler dennoch ein besonders elegantes Allzweck-Motorrad.

R nineT Scrambler (2016) Zweizylinder-Viertakt-Boxermotor, fahrtwind-/ölgekühlt, je zwei per Zwischenwelle und Ketten angetriebene halbhoch liegende Nockenwellen, Schlepphebel, je 4 hängende Ventile (DOHC), Hubraum: 1.170 cm³, Bohrung x Hub: 101 x 73 mm, Leistung: 110 PS bei 7.750/min, max. Drehmoment: 119 Nm bei 6.000/min, Einspritzung, Einscheiben-Trockenkupplung, 6-Ganggetriebe, Endantrieb über Kardan, Stahlrohr-Lenkkopfträger und -Heckrahmen, Federung vorn: Telegabel (43 mm), hinten Paralever-Einarmschwinge; Federweg vorn/hinten: 125/140 mm; Bremse vorn: 2 Scheibenbremsen 320 mm, hinten Scheibenbremse 265 mm, Räder: 19/17 Zoll; Radstand: 1.527 mm; Leergewicht: 220 kg.

R nineT Scrambler

»Die R nineT Scrambler respektiert den Geist des Genres, indem sie sich an die von ihren Fahrern gewünschte Einfachheit anpasst.«

R nineT Pure

| 2017 |

Eindeutig

Die R nineT Pure wurde als dritte Heritage-BMW vorgestellt. Nach dem Erfolg der 2013 präsentierten R nineT und der 2015 hervorragend beim Publikum angekommenen Scrambler-Version entschied man sich bei BMW, weitere Varianten in der Heritage-Klasse auf die Räder zu stellen. 2017 erschienen gleich drei Modelle: die sportliche R nineT Racer (Seite 194), die Soft-Enduro Urban G/S (Seite 200) und die Pure. Wie der Name andeutet, handelte es sich um einen vereinfachten Ableger der Ur-R nineT – ohne Verkleidung, hochgelegten Auspuff oder Stollenreifen. Ein Roadster in seiner reinsten Form, der allein durch Einfachheit und Nüchternheit verführte. Statt einer goldfarben eloxierten Upsidedown-Gabel mit Radial-Bremszangen trug die Pure eine konventionelle Telegabel mit seitlich angeschraubten Brembo-Bremssätteln, einen Tank aus Stahlblech und einen einfachen Schalldämpfer mit schwarzer Endspitze – immerhin von Remus und wieder mit Verstellklappe. Ab Werk rollte die gegenüber der Ur-»Ninette« immerhin ca. 3.000 € billigere Pure auf Gussrädern.

Der Rest blieb: Motor und Fahrwerk waren mit der Racer und der Scrambler identisch, das aufgeräumte Cockpit teilte sie sich mit der Scrambler, und auch der »alte« Luft-Boxer stand mit 110 PS gut im Futter. Wie bei den anderen Modellen, war das Rahmenheck demontierbar, um durch eine Einzelsitz-Version ersetzt werden zu können.

Wie gewohnt, bot BMW reichlich Zubehör für die Pure an, sodass das gesparte Geld kreativ und individuell eingesetzt werden konnte. 2019 entstand auf Basis der Pure zum 50. Geburtstag der »Strich-fünf«-Baureihe von 1969 die R nineT/5 mit Drahtspeichenrädern, Tanklinierung und besser gepolsterter Sitzbank samt Chromleiste.

Pur
Wenn das Material edel und das Design authentisch ist, reimt sich Einfachheit auf Schönheit.

R nineT Pure (2017) Zweizylinder-Viertakt-Boxermotor, fahrtwind-/ölgekühlt, je zwei per Zwischenwelle und Ketten angetriebene halbhoch liegende Nockenwellen, Schlepphebel, je 4 hängende Ventile (DOHC), Hubraum: 1.170 cm³, Bohrung x Hub: 101 x 73 mm, Leistung: 110 PS bei 7.750/min, max. Drehmoment: 119 Nm bei 6.000/min, Einspritzung, Einscheiben-Trockenkupplung, 6-Ganggetriebe, Endantrieb über Kardan, Stahlrohr-Lenkkopfträger und -Heckrahmen, Federung vorn: Telegabel (43 mm), hinten Paralever-Einarmschwinge; Federweg vorn/hinten: 125/120 mm; Bremse vorn: 2 Scheibenbremsen 320 mm, hinten Scheibenbremse 265 mm, Räder: 17/17 Zoll; Radstand: 1.493 mm; Leergewicht: 219 kg.

R nineT Pure

»Die R nineT Pure ist keineswegs eine R nineT für Arme.«

R nineT Urban G/S

| 2017 |

Schöne Fluchten

Die erste BMW mit dem Namen »G/S« entstand 1980 mit einem 800er-Boxermotor. Seitdem ist diese Abkürzung für Gelände/Sport zu einem Synonym für Flucht und Abenteuer geworden, aber auch für Vielseitigkeit und Effizienz. Ab 1987 war der Schrägstrich mit der Einführung der Paralever-Hinterradschwinge entfallen, doch für den neuen Ableger der Heritage-Reihe wurde er wieder ausgegraben. Diese Entscheidung fiel zusammen mit dem Beinamen »Urban«, der wohl einen eher städtischen Einsatzzweck andeutete und damit darauf hinweisen sollte, dass die neue G/S nicht in einer Liga mit der aktuellen GS spielen sollte. Zwar fehlten ihr verglichen mit dieser lediglich 3 Liter Tankinhalt, 15 PS und jeweils ca. 6 cm Federweg, doch brachte die Retro-Enduro auch 23 kg weniger auf die Waage – im Gelände kein ganz unwichtiger Wert. Die Urban G/S teilte sich die meisten Komponenten mit der Scrambler, nur waren hier Stollenreifen sowie eine kleine Lampenmaske serienmäßig, und die Farbgebung mit weißen Lackteilen und roter Sitzbank orientierte sich an der G/S von 1980.

Vor der neuen G/S wurde 2016 sogar eine an die Paris-Dakar-Version erinnernde Studie namens Lac Rose vorgestellt, die schon sehr serienreif aussah, aber nie in Serie ging (siehe Seite 226). Die Heritage-Familie schien nach der R nineT und ihren Ablegern Scrambler, Pure, Racer und Urban G/S zunächst vollständig zu sein, um genügend Freunde der einfachen Technik und Retro-Optik zu den BMW-Händlern zu locken.

Natur und Klassik
Die R nineT Urban G/S lädt zu ziellosen Spazierfahrten abseits der Straße ein.

R nineT Urban G/S (2017) Zweizylinder-Viertakt-Boxermotor, fahrtwind-/ölgekühlt, je zwei per Zwischenwelle und Ketten angetriebene halbhoch liegende Nockenwellen, Schlepphebel, je 4 hängende Ventile (DOHC), Hubraum: 1.170 cm³, Bohrung x Hub: 101 x 73 mm, Leistung: 110 PS bei 7.750/min, max. Drehmoment: 119 Nm bei 6.000/min, Einspritzung, Einscheiben-Trockenkupplung, 6-Ganggetriebe, Endantrieb über Kardan, Stahlrohr-Lenkkopfträger und -Heckrahmen, Federung vorn: Telegabel (43 mm), hinten Paralever-Einarmschwinge; Federweg vorn/hinten: 125/140 mm; Bremse vorn: 2 Scheibenbremsen 320 mm, hinten Scheibenbremse 265 mm, Räder: 19/17 Zoll; Radstand: 1.527 mm; Leergewicht: 221 kg.

R nineT Urban G/S

»Die Urban G/S lässt auf ihre Art den Urahn der GS-Baureihe wieder auferstehen.«

K 1600 B

| 2018 |

Bagger-Fahrt

Im Mai 2015 stellte BMW auf dem Concours d'Elegance am Comer See eine von der K 1600 GT abgeleitete Maschine vor, die zunächst Concept 101 genannt wurde. Die Zahl stand zum einen für den in Kubikzoll umgerechneten Hubraum von 1649 cm³ und zum anderen für den nicht weit vom BMW-Designstudio in Kalifornien entlangführenden Freeway 101, wo der kalifornische Designer Roland Sands das Motorrad entworfen hatte. Im Sommer 2017 wurde schließlich die K 1600 B (für Bagger) vorgestellt, die dem Konzept sehr ähnlich sah und mit dem abgesenkten Rahmenheck samt stromlinienförmigen Koffern sowie einer niedrigeren Verkleidung der aus den USA stammenden Mode (Bagger = Custombikes mit Koffern) angepasst worden war. Auch die Auspuffanlage war fließender gestaltet.

Technisch war beim fantastischen Sechszylinder alles beim Alten geblieben, sodass er weiterhin 160 Pferde von der Koppel lassen konnte. Typisch amerikanisch waren der nach hinten gezogene Lenker und die vorverlegten Fußrasten auf entspanntes Sitzen ausgelegt, Trittbretter waren optional erhältlich. Auf langen Strecken waren die reichhaltige Ausstattung mit Schaltassistent, Traktionskontrolle, Berganfahrhilfe, Rückfahrhilfe, Xenon mit Kurvenlicht, Reifendruck-Kontrolle, Keyless-Ride, Zentralverriegelung, Navigations- und Audiosystem gern genutzte Goodies.

Road 66
Mit abgesenktem Heck und stromlinienförmigen Koffern wurde die K 1600 dem Bagger-Stil angepasst.

K 1600 B (2018) Viertakt-Reihensechszylinder, wassergekühlt, 2 per Kette angetriebene obenliegende Nockenwellen und Tassenstößel, je 4 hängende Ventile (DOHC), Hubraum: 1.649 cm³, Bohrung x Hub: 72 x 67,5 mm, Leistung: 160 PS bei 7.750/min, max. Drehmoment: 175 Nm bei 5.250/min, Einspritzung, Mehrscheiben-Nasskupplung, 6-Ganggetriebe, Endantrieb über Kardan, Aluprofil-Brückenrahmen, Federung vorn: Duolever, hinten Paralever; Federweg vorn/hinten: 115/125 mm; Bremse vorn: 2 Scheibenbremsen 320 mm, hinten Scheibenbremse 320 mm, Räder: 17/17 Zoll; Radstand: 1.618 mm; Leergewicht: 336 kg.

K 1600 B

»Ein Bagger mit dem Herzen der K 1600 ist zwangsläufig ein muskulöser Cruiser.«

K1600 Grand America

| 2018 |

Relax

»Bagger« sind auf dem amerikanischen Markt eine echte Macht, und Harley-Davidson sowie Indian verkaufen sie massenweise, und sogar Moto Guzzi hatte sich 2017 mit der MGS-21 Flying Fortress samt 1.400-cm³-V2-Motor und 21er-Vorderrad in dieses Segment getraut. Mit der von der K 1600 B abgeleiteten Grand-America-Version versuchte auch BMW sich an einer neuen Herangehensweise des entspannten Reisens durch die USA. War die »B« noch vorwiegend für Solisten konzipiert, richtete sich die auf der EICMA Ende 2017 in Mailand vorgestellte Grand America definitiv an die das Kaufverhalten bestimmende Sozia, denn ihr Sitzplatz bot jetzt den Komfort eines Cabrios. Und weil die Sozia nie gern schnell fährt, war es auch kein Problem, dass das weit nach hinten gezogene Topcase dafür sorgte, dass die Höchstgeschwindigkeit aus Sicherheitsgründen auf 162 km/h begrenzt werden musste (wofür der kraftvolle Sechszylinder auch bei über einer halben Tonne Gesamtgewicht nicht sehr lange brauchte); auch im Haupt-Absatzmarkt USA reichten diese 101 mph locker aus. Wie bei der Bagger, waren die Koffer fest integrierter Bestandteil des Motorrads und nahmen auch die LED-Rückleuchten auf. Die Grand America besaß eine etwas höhere Windschutzscheibe und serienmäßig weit vorn liegende Trittbretter, außerdem natürlich das gesamte Komfortpaket der Bagger. Der Luxus und Komfort musste mit über 26.000 € und 364 kg Leergewicht bezahlt werden – damit lag sie exakt bei den Werten der Honda Gold Wing.

This is America!
Als europäisches Reisemotorrad in populärer amerikanischer Tradition stellt die K 1600 Grand America ihre Technologie in den Dienst des Komforts.

K 1600 GA (2018) Viertakt-Reihensechszylinder, wassergekühlt, 2 per Kette angetriebene obenliegende Nockenwellen und Tassenstößel, je 4 hängende Ventile (DOHC), Hubraum: 1.649 cm³, Bohrung x Hub: 72 x 67,5 mm, Leistung: 160 PS bei 7.750/min, max. Drehmoment: 175 Nm bei 5.250/min, Einspritzung, Mehrscheiben-Nasskupplung, 6-Ganggetriebe, Endantrieb über Kardan, Aluprofil-Brückenrahmen, Federung vorn: Duolever, hinten Paralever; Federweg vorn/hinten: 115/125 mm; Bremse vorn: 2 Scheibenbremsen 320 mm, hinten Scheibenbremse 320 mm, Räder: 17/17 Zoll; Radstand: 1.618 mm; Leergewicht: 364 kg.

K 1600 Grand America

»Die K 1600 Grand America lädt zum entspannten Reisen ein.«

F 750 GS

| 2018 |

Vernünftiges Wachstum

Für den Jahrgang 2018 überarbeitete BMW die seit 2006 gebauten Parallel-Twins. Zwar war bereits 2012 die F 650 in F 700 GS umgetauft worden, ihr Motor hatte aber weiterhin 798 cm³ Hubraum und wurde von Rotax in Österreich gebaut. 2018 ging es über ein einfaches Facelift hinaus, denn sowohl die F 750 GS wie auch die F 850 GS waren absolut neu. Wie schon bei der F 650/700, pflegte auch die F 750 das Understatement, da sie über den gleichen Hubraum wie ihre große Schwester verfügte – 853 cm³. Das jetzt vom chinesischen Hersteller Loncin zugelieferte Triebwerk war kein 360°-Gleichläufer mehr, sondern hatte um 90° versetzte Hubzapfen, sodass es nicht mehr wie ein Boxer, sondern wie ein V2-Motor klang. Auch das oszillierende Ausgleichsgewicht wurde durch Ausgleichswellen ersetzt. Im Fall der F 750-Auslegung leistete der Motor 77 PS bei 7.500/min (F 700: 75 PS bei 7000/min), auch das Drehmoment war auf 83 Nm bei 6000/min leicht angestiegen.

Um Neulinge, Wiedereinsteiger und kleine Menschen (Frauen) anzusprechen, wurde die Sitzhöhe auf moderate 815 mm festgelegt und konnte optional auf 770 mm abgesenkt oder auf 830 mm erhöht werden. Wie die F 850 GS, war auch die »Sieben-Fünfzig« mit diversen Assistenzsystemen und anderer Elektronik ausgerüstet. Als wesentliches Unterscheidungsmerkmal wurde bei der F 750 ein 19-Zoll-Vorderrad in einer konventionellen Gabel geführt, während sich bei der 850er ein 21-Zöller in einer Upsidedown-Gabel drehte. Zur Serienausrüstung gehörten verschiedene Fahrmodi, elektronisch gesteuerte Drosselklappen, ABS und ASC. Optional waren ESA, Traktionskontrolle, Kurven-ABS, ein Schaltassistent und ein 6,5-Zoll-TFT Farbdisplay namens »Connectivity« erhältlich, über das per Headset telefoniert und Musik gehört werden konnte.

Obwohl der Tank nicht mehr unter der Sitzbank, sondern an seinen traditionellen Platz verlegt worden war, passten nur noch 15 statt 16 Liter hinein. Der Gitterrohrrahmen war einem Stahlprofil-Brückenrahmen gewichen, und das Gewicht war gegenüber der F 700 GS um 12 auf 224 kg angestiegen.

Einfach
Die 2018 eingeführte F 750 GS garantierte weiterhin einfaches Fahren – auch dem Anfänger.

F 750 GS (2018) Zweizylinder-Viertakt-Reihenmotor, wassergekühlt, 2 per Kette angetriebene obenliegende Nockenwellen, Schlepphebel, je 4 hängende Ventile (DOHC), Hubraum: 853 cm³, Bohrung x Hub: 84 x 77 mm, Leistung: 77 PS bei 7.500/min, max. Drehmoment: 83 Nm bei 6.000/min, Einspritzung, Mehrscheibenkupplung, 6-Ganggetriebe, Endantrieb über Kette, Stahl-Brückenrahmen, Federung vorn: Teleskopgabel, hinten Zweiarmschwinge mit Zentralfederbein; Federwege vorn/hinten: 151/177 mm; Bremse vorn: 2 Scheibenbremsen 305 mm, hinten Scheibenbremse 265 mm, Räder: 19/17 Zoll; Radstand: 1.559 mm; Leergewicht: 224 kg.

F 750 GS

»Auf Wunsch ist die F 750 GS ›connected‹ und ›assisted‹, um an den Zeitgeschmack angepasst zu sein.«

F 850 GS

| 2018 |

Neues Triebwerk

Die Seele eines Motorrades schmiegt sich in einer Art um seine technischen Eingeweide, wie der Motor seinen Charakter offenbart. BMW hat seit der Gründung 1916 ein unglaubliches Wissen im Motorenbau angehäuft und nie aufgehört, neue Triebwerke zu erfinden. Bei der 2006 mit der F 800 eingeführten Parallel-Twin-Reihe war ein zusätzliches Pleuel zwischen den Zylindern mit einem Hebel verbunden, um Vibrationen zu minimieren. Über den gleichzeitig auf und ab laufenden Kolben wurde das Gemisch abwechselnd gezündet, sodass der Klang an einen Boxermotor erinnerte. All dies wurde 2018 geändert: Die Hubzapfen waren um 90° auf der Kurbelwelle versetzt, sodass die Zündfolge der eines V2-Motors mit 90° Zylinderwinkel ähnelte. Dies erforderte einen neuen Ausgleich, der von zwei per Kette angetriebenen Wellen vor und hinter der Kurbelwelle erledigt wurde. Der von 798 auf 853 cm³ angewachsene Hubraum erlaubte eine Leistungssteigerung um 10 auf 95 PS, und auch das maximale Drehmoment war von 83 auf 92 Nm gestiegen. Zudem wurden die Motoren nicht mehr bei Rotax in Österreich, sondern von Loncin in China gebaut.

Gegenüber der Vorgängerin mussten für viele Komponenten neue Plätze gefunden werden: Der Tank befand sich nicht mehr unter der Sitzbank, sondern traditionell zwischen Lenker und Sitzbank. Die Antriebskette lag nicht mehr rechts, sondern links, sodass sie mit dem Auspuff tauschen musste.

Um ihren Initialen GS alle Ehre zu machen, war die neue 850er sowohl mit einem stabilen Rahmen – Stahl-Brücke statt Gitterrohr – als auch einem guten Geradeauslauf ausgestattet. Der Federweg war hinten um 4 mm angewachsen, vorn aber um 26 mm verringert worden.

Die Räder waren jetzt mit Kreuzspeichen ausgerüstet, sodass schlauchlose Reifen aufgezogen werden konnten. Natürlich wurde ein umfangreiches Elek-

Freiheit
Trotz Gewichtzunahme bewahrt die F 850 GS unter den BMW-Enduros den Geist der Freiheit.

F 850 GS (2018) Zweizylinder-Viertakt-Reihenmotor, wassergekühlt, 2 per Kette angetriebene obenliegende Nockenwellen, Schlepphebel, je 4 hängende Ventile (DOHC), Hubraum: 853 cm³, Bohrung x Hub: 84 x 77 mm, Leistung: 95 PS bei 8.250/min, max. Drehmoment: 92 Nm bei 6.250/min, Einspritzung, Mehrscheibenkupplung, 6-Ganggetriebe, Endantrieb über Kette, Stahl-Brückenrahmen, Motor mittragend, Federung vorn: Upsidedown-Gabel, hinten Zweiarmschwinge mit Zentralfederbein; Federwege vorn/hinten: 204/219 mm; Bremse vorn: 2 Scheibenbremsen 305 mm, hinten Scheibenbremse 265 mm, Räder: 21/17 Zoll; Radstand: 1.593 mm; Leergewicht: 229 kg.

F 850 GS

»Mehr Hubraum, mehr Leistung, mehr Gewicht – ein typisches GS-Modell.«

F 850 GS

»Nach einem schönen Ausritt ist der Blick auf die Landschaft und die GS ein schönes Vergnügen.«

tronikpaket angeboten: Serienmäßig waren abschaltbares ABS, ASC und ein LED-Scheinwerfer an Bord, optional durften gern (u. a.) eine Traktionskontrolle, ABS-Pro, Keyless-Ride, Reifendruckkontrolle, Tempomat, Griffheizung und ein 6,5-Zoll-TFT Farbdisplay namens »Connectivity« geordert werden, mit dem man navigieren, telefonieren und sich anderweitig verlustieren konnte.

Auch ohne jegliches Zubehör war das Gewicht auf beträchtliche 229 kg angewachsen, was (abzüglich des kleinen Tanks) nur noch knapp 10 kg unter der aktuellen R 1200 GS lag.

Effizienz
Die GS-Familie bekam 2018 brandneue Technik und eine Ästhetik, die Vielseitigkeit und Effizienz demonstrierte.

CUSTOM
FACTORY
Die Konzeptbikes von BMW

Concept Ninety

| 2013 |

Der Geist der R 90 S

Bei BMW kümmert man sich auch um seine Geschichte. Das Unternehmen bewahrt seine Vergangenheit auf verschiedene Arten, und seit 1922 wird von allen gebauten Motorrädern mindestens ein Exemplar behalten und erhalten. 1973 schuf man direkt neben dem neuen »Vierzylinder«-Verwaltungsgebäude ein Werksmuseum, und erst vor Kurzem kehrten die Abteilungen BMW Group Classic und das Archiv in die allerersten Fabrikgebäude in der Moosacher Straße zurück. Doch die Erinnerung lebt nicht nur durch die Vergangenheit, sondern auch in der Gegenwart und sogar der Zukunft. Und deshalb achtet BMW darauf, seine Jubiläen und die Enthüllungen innovativer Konzept-Motorräder, die oft Hinweise auf zukünftige Serienmaschinen aufweisen, entsprechend zu feiern – beispielsweise den 40. Geburtstag der R 90 S, der beim Concours d'Elegance an der Villa d'Este am Comer See mit der Concept Ninety begangen wurde. Dies war insbesondere dank ihrer in Daytona-Orange gehaltenen Lackierung eine schwungvolle Hommage an das Superbike der 1970er-Jahre. Aber auch die grandiose und elegante Verkleidung und verschiedene Motorkomponenten erinnerten an die R 90 S mit der von Hans A. Muth entworfenen Kanzel, um an der 200-km/h-Marke zu kratzen. Muth entwickelte später die Verkleidung der R 100 RS und konzipierte die legendäre Suzuki Katana. Die Concept Ninety ist die Frucht der Zusammenarbeit des BMW-Designteams unter Leitung von Ola Stenegärd und dem renommierten kalifornischen Designbüro von Roland Sands, der als ehemaliger Rennfahrer das von Stenegärd entworfene Konzept zum Leben erweckte. Die Verkleidung, der Tank und der Bürzel wurden von Hand aus Alublechen gedengelt. Wie in den Siebzigern üblich, wurde auch bei der Ninety zwischen den Karosserieteilen samt Cockpit und der »Technik« eine scharfe Linie gezogen. Der Kontrast aus oben orange und unten schwarz hob diese Linie hervor und betonte gleichzeitig die Vintage-Optik und zeitgenössische Modernität. Der luft-/ölgekühlte 1200er-Boxer bildete natürlich das Zentrum und die Seele der Maschine.

Ende 2013 wurde die R nineT vorgestellt, und ab 2017 stand auch die optisch an das Konzeptbike angelehnte Racer-Version bei den Händlern.

Lenkwirkung
In der von Roland Sands realisierten Studie zeigt sich die Basis für die R nineT Racer

Concept Ninety

»Die perfekte Hommage an ein mythisches Motorrad: die sportliche R 90 S.«

Concept Ninety

»Die Arbeit leidenschaftlicher Menschen schuf ein tiefgründiges Konzept.«

Teamarbeit
Die Concept Ninety wurde vom BMW-Designteam entworfen und zusammen mit dem Konstruktionsbüro von Roland Sands (Mitte mit kariertem Hemd) realisiert. Neben ihm stehen der BMW-Designer Ola Stenegärd (roter Pullover), der französische Designer Sylvain Berneron (mit Mütze) und Edgar Heinrich (gestreiftes Hemd), der für das Design von BMW Motorrad verantwortlich ist.

Läuft! (linke Seite)
Die Concept Ninety war fahrbereit und wurde auch ausgiebig getestet.«

Boxer-Bestie
Erst wenn der Rest möglichst zierlich gehalten wird, kommt der monumentale 1200er-Boxer richtig zu Geltung.

Concept Roadster

| 2014 |

Extrem

»Sie ist schön, unglaublich, futuristisch und dennoch klassischer, als man glaubt. Sie suggeriert Geschwindigkeit und Bestialität, hinterlässt aber ein Gefühl der Beherrschung und raffinierter und unerbittlicher Macht. Wie ein Lichtschwert aus Star Wars. Sie hat eine magnetische Aura wie Darth Vader – nur ganz in Weiß gekleidet. Sie deutet Stärke und Effizienz, Klasse und Kampfeslust an. Wie ein Stuntmotorrad, ein modernes Hightech-Sportmotorrad, ein brutales Werkzeug mit dem einzigen Ziel, die Freude seines Fahrers zu steigern. Die technischen Besonderheiten sind auf den ersten Blick erkennbar. Die Leidenschaft des Motorrads springt einem ins Gesicht. Kaum zu glauben, dass es tatsächlich eine BMW ist, vor allem, wenn man bedenkt, dass diese Firma noch vor zehn Jahren davon träumte, ihr altmodisches Image zu verjüngen. Seitdem schießen die Münchener aus allen Rohren.« Mit diesen Worten beschrieb die französische Zeitschrift *Moto Journal* die 2014 beim Concours d'Elegance am Comer See vorgestellte Concept Roadster. »Die Emotionen, die das moderne und zeitgemäße Konzeptbike erweckt, beweisen, dass das Motorrad für BMW viel mehr als perfekte Funktionalität darstellt«, erklärte Edgar Heinrich, Leiter der Designabteilung von BMW Motorrad. Trotz der Verwendung klassischer Elemente wie dem Boxermotor, einem Gitterrohrrahmen und dem Kardanantrieb hat es das BMW-Team geschafft, ein nahezu futuristisches Motorrad zu entwickeln. Die Wasserkühler des aus der GS übernommenen Wasserboxers wurden unter zwei Abdeckungen versteckt, die mit gefrästen Alublenden verziert waren, um den rohen Aspekt der Maschine hervorzuheben. Eleganz findet sich in dieser Kraftdemonstration nur selten in diskreten Details. Das Auge weiß nicht mehr, wohin es schauen soll.

Die Lampenmaske mit LEDs treibt das Konzept um Lichtjahre voraus. Pragmatisch dachte man bei BMW daran, eine raue Sitzbank zu montieren, damit sich der Fahrer darauf halten kann. Überall wird nach dem Motto »Form folgt der Funktion« gearbeitet, aus dem wahre Schönheit entsteht. Hier gibt es kein nutzloses Design. Diese kompromisslose Designstudie führte letztendlich zum aggressiven Sport-Roadster R 1200 R, der im Herbst 2014 vorgestellt wurde – ein Motorrad mit einem deutlich dynamischeren Geist als sein Vorgänger …

Wuchtig
Mit der gewaltigen Upsidedown-Gabel von Öhlins und den mächtigen Monobloc-Bremssätteln von Brembo erinnert die Front der Concept Roadster an ein MotoGP-Bike.

Concept Roadster

»Viele Details des Roadster-Konzepts von 2014 gingen 2016 in Serie.«

Concept Roadster

»Grenzenlose Gestaltung hilft Motorräder von morgen zu entwickeln.«

Team
Die Projektleitung diskutiert am Clay-Modell in Originalgröße. Die Skizzen im Hintergrund dienen als Grundlage.

Brutal (linke Seite)
Das Heck wird geprägt von der Auspuffanlage im MotoGP-Stil und dem aus Aluminium geformten Rahmenheck. Die BMW-Niere (als Rücklicht) darf nicht fehlen.

Pur
Die Silhouette ist mit dem blau eloxierten Gitterrohrrahmen und der ansonsten in Schwarz gehaltenen Technik maximal verfeinert.

Concept Stunt G 310

| 2015 |

Antigravitation

Die Präsentation eines innovativen Konzeptbikes vor dem eigentlichen Serienmodell ist bei BMW schon fast zur Gewohnheit geworden. Weil man auch in den aufstrebenden Märkten Asiens und Südamerikas Fuß fassen wollte, war es nur logisch, die Offensive auf der Zweirad-Show in der brasilianischen Millionenmetropole São Paulo zu starten, wo am 6. Oktober 2015 die Concept Stunt G 310 in den bunt gemischten Farben Brasiliens und von BMW Motorsport vorgestellt wurde.

Um einen bleibenden Eindruck zu hinterlassen und dem kleinen Einzylinder eine sportliche Note zu geben, verknüpfte BMW die Maschine mit dem berühmten Stuntfahrer Chris Pfeiffer, der bereits 2009 bei der Einführung der F 800 R an der Verjüngung des Markenimages beteiligt war, indem er als viermaliger Stunt-Weltmeister seine Erfahrungen in die Entwicklung einer Maschine einbrachte, die tatsächlich für akrobatische Kunststücke geeignet war. Pfeiffer erklärte: »Der Stunt ist ein anspruchsvoller Sport mit zahlreichen Facetten. Das für diese Disziplin bestens geeignete Motorrad ist kompakt und handlich, gleichzeitig aber auch stabil und robust – eine perfekte Balance zwischen Aggressivität und leichter Beherrschbarkeit.«

Die G 310 wurde einen Monat später auf der EICMA in Mailand offiziell vorgestellt. Die Besonderheit des bei TVS in Indien gebauten Motorrads mit 313-cm³-Einzylindermotor war der gedrehte Zylinderkopf, dessen Auslass hinten lag. Hierdurch war es unter anderem möglich, den Schalldämpfer zentral zwischen dem Motor und dem Stoßdämpfer unterzubringen, sodass er perfekt geschützt war und den Stuntfahrer nicht behinderte. Darüber hinaus trug das Konzept zur Absenkung des Schwerpunkts, zur Neuausrichtung der Massen und damit zu einer natürlichen Ausgewogenheit bei. So konnte der Fahrer die maximal 34 PS und 28 Nm leicht und unglaublich agil kontrollieren. Am Konzeptbike Stunt G 310 waren alle für diesen Sport notwendigen Komponenten untergebracht, sodass es ungehemmt einsetzbar war: eine Gasgriff-Sperre, eine Hinterradbremse mit zweitem von Hand aktivierbarem Bremssattel, ein ausreichend dimensioniertes Getriebe, Fußrasten an der Vorderachse und am Heck sowie ein großes Loch im Heck, um darin sicheren Stand zu finden, um der Schwerkraft zu trotzen.

Wheelie
Im aus Aluminium gefrästen Heck ist ein gut zugänglicher Tritt eingearbeitet.

Concept Stunt G 310

»Es geht nichts über den Stunt, um das Image eines Motorrads zu verbessern.«

BMW
BMW

Concept Stunt G 310

»Mit seinen Konzeptbikes verkauft BMW zunächst Träume – und später Motorräder.«

Boss
BMW-Designchef Edgar Heinrich (Mitte) bei der Arbeit an der Stunt-Maschine.

Schwerelos (linke Seite)
»Die BMW Concept Stunt G 310 soll Köpfe verdrehen. Alles an diesem Motorrad sehnt sich danach, mit den Gesetzen der Schwerkraft zu spielen.« Herr Heinrich, dieses Foto gibt Ihnen recht!

Schlagkraft
Die Concept Stunt G 310 präsentierte eindrucksvolle Argumente für den kleinen Einzylinder in aufstrebenden Märkten.

Concept Lac Rose

| 2016 |

Dakar und die GS

Nicht vor der Villa de l'Este am Comer See, sondern beim Festival Wheels & Waves an der Atlantikküste vor Biarritz präsentierte BMW im Juni 2016 sein neues Projekt: die Concept Lac Rose. Auf Basis der R nineT hatte das BMW-Designteam unter Leitung von Edgar Heinrich beschlossen, die klassische Café-Racer-Mode zugunsten der Beschwörung vergangener Erfolge der Marke bei der Rallye Paris-Dakar aufzugeben. »Die BMW Motorrad Concept Lac Rose ist unsere bewusst lockere und eigenständige Interpretation des Siegerbikes der Rallye Paris-Dakar von 1985«, erklärte Heinrich auf der Präsentation. »Dieses Konzept erlaubt es uns, die R nineT in eine neue interessante Richtung zu führen, und zeigt, wie man mit etwas Fantasie und einigen Modifikationen die Leidenschaft für das Erbe der Marke zeigen kann.«

Der Name Lac Rose bezieht sich auf den Retba-Salzsee 35 km nordöstlich von Dakar im Senegal und nur einen Kilometer vom Atlantik entfernt, der seinen Namen durch die rosarote Verfärbung erhielt und jahrelang das Ziel der berühmten Rallye war, bei der BMW in den 1980er-Jahren viermal siegte. Hubert Auriol war hier 1981 und 1983 mit einer R 80 G/S erfolgreich, Gaston Rahier konnte mit präparierten R 100 GS in den Jahren 1984 und 1985 hier seine Pokale entgegennehmen. Und an den letzten Sieg von Rahier mit der Startnummer 101 erinnert die Concept Lac Rose. Heinrich lag es fern, die R nineT zur Rallye-Königin zu machen. »Das Bike ist im Kern ein cooler und entspannter Roadster, mit einigen typischen Offroad-Features, die es erlauben, auch abseits der Straße zu fahren und einem Feldweg ins Ungewisse zu folgen.« Neben dem hochgelegten Kotflügel und den Stollenreifen fällt vor allem der Farbcode ins Auge, der auch ohne den Schriftzug an die damals als Sponsor gewonnene berühmte Zigarettenmarke erinnert. Ein großer Tank, der raue Einzelsitz und der kleine Werkzeugkoffer vervollständigen die Linie. Natürlich waren auch ein kleiner Windschutz und ein Roadbook an Bord.

Auch dieses Konzept deutete auf ein zukünftiges Serienmotorrad hin: die Ende des Jahres präsentierte R nineT Urban G/S.

Equipment
Bis hin zur Startnummer von Gaston Rahier aus dem Jahr 1985 an Helm und Motorrad war die Concept Lac Rose komplett ausgerüstet.

Concept Lac Rose

»21 Jahre nach dem Sieg von Gaston Rahier am Lac Rose stand ein innovatives Konzeptbike bereit.«

GS
GS

Concept Lac Rose

»Die R nineT beschwört in der Enduro-Variante mythische Rallye-Erinnerungen.«

Vater und Sohn
Im Vergleich zum für Gaston Rahier vorbereiteten Original (links) muss die Lac Rose noch deutlich an Höhe zulegen.

Gelungen (linke Seite)
Die BMW-Designabteilung erreichte die Umwandlung der Roadster R nineT zur Reminiszenz an eine Rallyemaschine mit relativ geringen Mitteln.

Transformation
Neu gestaltete Ventildeckel und ein »Sportauspuff« unterstreichen die Verwandlung der R nineT zur G/S. Das 19-Zoll-Vorderrad weist auf vorwiegenden Straßeneinsatz hin.

Concept Hover Ride

| 2017 |

Vorstellungskraft für das Mögliche

Luftig
Das Concept Hover Ride verbindet auf unglaubliche Weise die DNA der auf den ersten Blick erkennbaren R 1200 GS Adventure mit dem Geist von Lego-Technic.

Am 1. Januar 2017 kam ein außergewöhnliches Spielzeug auf den Markt: ein Lego-Bausatz der R 1200 GS Adventure. Das zusammen mit BMW entwickelte Modell bestand aus 603 Teilen, war 18 cm hoch, 33 cm lang und 10 cm breit. Das Projekt war damit noch nicht beendet, wie Lego-Designer Lars Thygesen erklärt: »Es war interessant, zu erfahren, wie das beste Motorrad aussehen würde, wenn alle Grenzen beseitigt wären.«

Die Reaktion von BMW ließ nicht lange auf sich warten. »Es war eine ausgezeichnete Idee und eine große kreative Herausforderung, aus den Lego-Bauteilen der R 1200 GS Adventure ein fiktives Modell zu entwickeln«, bestätigte BMW-Motorradkonstrukteur Alexander Buckan. Das Projekt musste nicht nur die DNA von BMW respektieren, sondern auch typische Elemente wie den Boxermotor und die unverwechselbare Silhouette der GS berücksichtigen sowie sich vom Lego-Technic-Stil inspirieren lassen. Lego-Chefdesigner und Motorradfan Samuel Tacchi erklärt: »Ich war von der Idee sehr begeistert, ein Konzeptbike aus Lego-Technic zu entwerfen. Also haben wir diese Idee eines fliegenden Motorrades in München vorgestellt. Unser Lego-Technic-Projekt zu verwirklichen, war etwas Unglaubliches.« Das Hover-Konzept wurde dann der BMW Juniorfirma anvertraut, wo Auszubildende der BMW Group die Möglichkeit haben, gemeinsam an Unternehmenskonzepten zu arbeiten. Dies ermöglichte ihnen die Verwendung von Originalteilen einer R 1200 GS Adventure, um dieses futuristische Konzept zum Leben zu erwecken. Viele Teile mussten dafür speziell angepasst und erstellt werden. Das Ergebnis ist das Concept Hover Ride, eine Art fliegendes Motorrad, das auf Komponenten der GS Adventure samt Boxermotor basiert.

Der Kardanantrieb treibt jetzt ein Turbinenrad an, und große Querruder stabilisieren die Maschine. Obwohl es natürlich nicht fliegen kann, erlaubt das Konzept den Traum vom Motorrad der Zukunft. »Dieses avantgardistische Konzept ist wirklich erstaunlich«, fasst Alexander Buckan zusammen. »Ich bin wirklich beeindruckt, zu sehen, wie eine bei Lego-Technic konzipierte Idee zu einem schlüssig wirkenden Zukunftsmotorrad wurde.« Das Concept Hover Ride wurde im Februar 2017 auf der Lego-World in Kopenhagen präsentiert und befindet sich seitdem in der BMW-Welt in München.

Concept Hover Ride

»Aus einem Lego-Technic-Modell entstand das Konzept eines fliegenden Motorrads – Hover Ride genannt.«

03

Concept Hover Ride

»Bewahren Sie sich eine kindliche Seele, um sich das Motorrad von morgen vorzustellen.«

Zusammenarbeit
Die Designteams von BMW und Lego haben dieses erstaunliche Projekt gemeinsam erarbeitet.

Fantasie (linke Seite)
Eine fliegende GS Adventure – wer würde nicht davon träumen?

Gerüstet
Die Karosserieelemente der R 1200 GS Adventure eignen sich perfekt für diese Projekt eines fliegenden Motorrads.

Vision Next 100

|2017|

Die Emotionen der Zukunft

»Wenn wir ein Motorrad entwickeln, projizieren wir es in der Regel um fünf bis zehn Jahre im Voraus. Noch weiter in die Zukunft vorauszuschauen ist daher besonders fesselnd und faszinierend. Ich bin sicher, dass wir mit dem BMW Motorrad Vision Next 100 ein konsequentes Szenario für die Marke BMW entworfen haben«, sagte Edgar Heinrich, BMW-Designchef zur Feier des 100-jährigen Bestehens der Marke. BMW hatte am 7. März 2016 in der ersten Fabrik in der Moosacher Straße 66, wo heute die Abteilung BMW Group Classic ansässig ist, den Startschuss gegeben.

Auch drei futuristische Automobile der Group sollten vorgestellt werden: der BMW Vision Next 100 am 5. Mai in Peking, der Mini Vision Next 100 und der Rolls-Royce Vision Next 100 am 16. Juni in London. Diese Studien sollten in erster Linie die Fahrfreude von morgen aufzeigen, die interaktive und gemeinsame Nutzung einer urbanen Mobilitätslösung und schließlich die Interpretation von zukünftigem ultimativem automobilem Luxus darstellen. Am 11. Oktober 2016 wurde auf der Ausstellung *Iconic Impulses, The BMW Group Future Experience* in Los Angeles auch der Schleier der zweirädrigen Mobilitäts-Vision enthüllt. »Die BMW Motorrad Vision Next 100 verkörpert das Verständnis der BMW Group von einem Motorrad in einer vernetzten Welt: Eine analoge Erfahrung in einer digitalen Ära. Das Motorrad ermöglicht es, dem Alltag zu entfliehen. Sobald man aufsitzt, spürt man diese totale Freiheit«, präzisierte Edgar Heinrich das Konzept. Mit seinem Motorrad Vision Next 100 bleibt BMW seiner Geschichte auch in Zukunft treu: Das Design ist von der R 42 aus dem Jahr 1926 inspiriert – dem Motorrad, das die erste jemals gebaute BMW, die R 2, ablöste. Die schwarze Dreieck-Linie des Fahrgestells mit dem unverwechselbaren Boxermotor aus Aluminium ist unverkennbar – dahinter versteckt sich selbstverständlich ein modernes emissionsfreies Triebwerk.

Der mit mattschwarzem Gewebe überzogene flexible Rahmen verformt sich bei Bedarf und gewährleistet so auch bei hohem Tempo genügend Steifigkeit. Die zahlreichen Verbindungen zwischen dem Fahrer, seinem Motorrad und der Umgebung erlauben es, gefährliche Situationen frühzeitig zu erkennen. »Die aktiven Assistenzsysteme der Zukunft ändern automatisch sowohl während der Fahrt als auch im Stand die Balance des Motorrads. Diese Systeme werden in der Lage sein, die Stabilität und die Sicherheit des Fahrzeugs sowie seines Piloten zu erhöhen. Ein Sturz wird unmöglich werden!«

Balance
Ausgestattet mit Gyroskopen und selbst stabilisierend, kann das Motorrad von morgen nicht mehr umkippen. Der Fahrer profitiert von mit ihm kommunizieren Assistenzsystemen und wird in der Lage sein, sicher seine Grenzen zu erfahren.

Vision Next 100

»Das Geheimnis von BMW ist, sich die Zukunft vorzustellen, ohne die Ursprünge zu leugnen.«

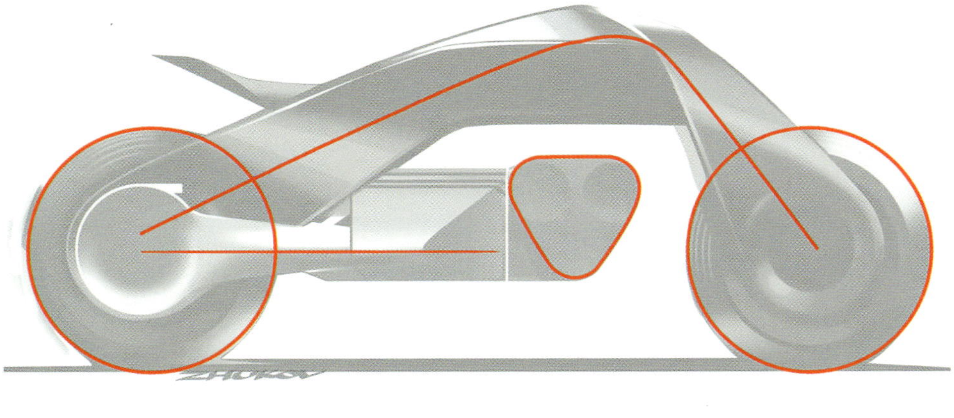

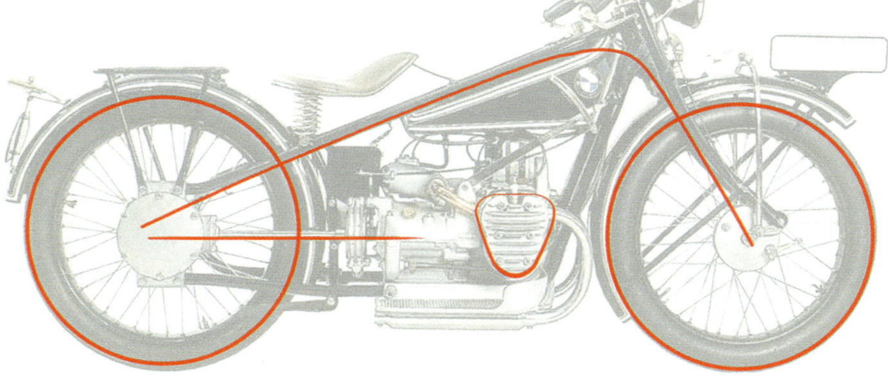

Retro
Mit analogen Reminiszenzen und einer Hommage an die Geschichte des Motorrads haben die Designer traditionelle Hebel und einen kleinen roten Schalter zum Blockieren der Bremse untergebracht.

Sexy (linke Seite)
Die Reifen verformen sich automatisch, um ihre Haftung anzupassen, der Motor entfaltet sich beim Start, und der Fahrer wird eins mit der Maschine.

Ahnenlinie
Die Reinheit des Designs der ersten BMW-Motorräder – hier die R 42 von 1926 – wurde bei der Vision Next 100 konsequent weitergeführt.

Vision Next 100

»Mobilität als emotionale Erfahrung ist fest in den BMW-Genen verwurzelt. Morgen öffnen sich neue Horizonte.«

Haltung
Die Ausrüstung wirkt interaktiv mit dem Piloten, ändert auf Wunsch die Temperatur, bildet bei hohem Tempo eine Nackenstütze und drückt ihn bei Bedarf in die Kurve.

Die Autoren danken insbesondere Frédéric Stik, Direktor von BMW Motorrad France, Guillaume De Sazilly, Marketingdirektor, und Clementine Letessier, Spezialistin für Produkt- und Lifestyle-Kommunikation für ihre freundlichen Beiträge zu diesem Buch.

BILDNACHWEIS

Umschlagfotos: **BMW Motorrad** (vorn), **BMW AG - BMW Group Press** (hinten)

Vorwort: **Michaël Levivier**

BMW AG - BMW Group Archives 8, 9 (o.r., Hilden, v-E, München), 9 (M.l.), 9 (M.r.), 10 (o., Österreichische Nationalbibliothek), 10 (u.), 11 (M.r.), 11 (o.l.), 13 (u.l.), 14 (o.), 14 (M.l., Hoffmann, Berlin), 14 (M.r.o, M.r.u), 19, 23 (u.), 24, 27 (u.), 39, 45, 47 (o.l., M.r.), 47 (u.r., Niczky, München), 47 (M.l., B.R.Nio Ollb, London), 52, 55 (o.), 60, 80 (E. Reismüller); (R. Kröschel) S. 9 (o.l.), 55 (o.), 63 (M.r.), 66, 88 (o.), 97 (o.), 105.

BMW AG S. 9 (u.l.), 9 (u.r, BMW Flugmotorenbau Gesellschaft), 10 (M.), 11 (o.l.), 12, 12 (o.r., Gatti Dario, Milano), 13 (M., u.r.), 14 (o., Leonhard), 15 (o.r.), 28 (BMW Werkfotografin L. Prohaska), 46 (u.), 47 (o.r.), 62 (F. Rauch, Inter Foto), 63 (u.r., Projekt »Futuro«), 72 (BMW Werbeplakat), 76, 89 (u., H. Polzin), 95 (o., H. Polzin), 95 (u., M. Moesch), 118 (BMW Werbeplakat), 120 (u., D. Kraus); (A. Debus) S. 109, 113, 117, 120 (o.), 127 (u.); (BMW Werkfoto) S. 23 (o.), 31, 63 (o.l, u.l.), 75, 77, 81, 84, 111, 115; (BMW Pressefoto) S. 107, 123, 127 (o.), 133 (o.), 137, 149, 151.

BMW AG - BMW Group Press S. 4 (o. und u.), 11 (u.), 13 (o.), 15 (o.l.), 15 (u.), 16, 17, 18, 20, 27 (o.), 33, 34, 36, 37, 40, 42, 46 (o.), 49, 51, 53, 56, 59, 61, 63 (o.r.), 65, 67, 69, 70, 75 (u.), 79, 82, 87, 91, 92, 93, 96, 97 (M.l., M.r., u.l., u.r.), 99, 100, 103, 105, 124, 129, 130, 133 (u.), 134, 139, 141, 142, 143, 145, 147, 153 (o.), 155 (o.), 156 (P.A. Killick), 157 (o.l., M.r., u.), 157 (o.r., R. Häckl), 159, 160, 162, 169 (u.), 171 (o., M. Alschner), 172, 174 (M. Mackey, Press Eye), 185, 190 (Tim Keeton, Impact Images), 195, 213, 215, 216, 217, 219 (P. Schlegel), 220, 221 (o.), 221 (u., P. Schlegel), 223, 224, 225, 231, 232, 233, 235, 236, 237, 238; (A. Debus) S. 135, 153 (u.), 155, 165, 166, 167, 173, 171 (u.), 177, 179 (u.), 180, 203 (u.), 205, 207 (u.), 209 (u.); (D. Kraus) S. 169 (o.), 179 (o.), 183, 187, 193, 199, 201, 203 (o.), 197; (J. Kuenstle) S. 189, 207 (o.), 209 (o.), 210; (J. Jurnelius) S. 227, 228, 229.

Vorsatz vorn und hinten: **BMW AG - BMW Group Press**

Die französische Originalausgabe mit dem Titel »BMW. Le génie motocycliste allemand« erschien 2018 bei Éditions E/P/A, diese Ausgabe 2020.

Bibliografische Information der Deutschen Nationalbibliothek
Die Deutsche Nationalbibliothek verzeichnet diese Publikation in der Deutschen Nationalbibliografie; detaillierte bibliografische Daten sind im Internet über http://dnb.dnb.de abrufbar.

1. Auflage
ISBN 978-3-667-11966-7
Die Rechte für die deutsche Ausgabe liegen beim Verlag Delius Klasing & Co. KG, Bielefeld.

Aus dem Französischen von Udo Stünkel
Texte: Michaël Levivier und Zef Enault
Lektorat: Hanno Vienken
Einbandgestaltung: Jörg Weusthoff, Weusthoff & Reiche Design, Hamburg
Satz: Axel Gerber
Printed in Spain 2020

Delius Klasing Verlag, Siekerwall 21, D-33602 Bielefeld
Tel.: 0521/559-0, Fax: 0521/559-115
E-Mail: info@delius-klasing.de
www.delius-klasing.de

NEXT100
BMW